2023年重庆市水产养殖动物主要病原菌耐药性监测分析报告

重庆市水产技术推广总站　组编

中国农业出版社
北　京

编审委员会名单

主　任：王　波

副主任：妙晓东　李　虹　曾　晖　梅会清

委　员：张利平　廖雨华　王　果　晏明瑶　万　莉　田盛君
　　　　蒙　涛　邓寻腾　刘　军　黄　利　魏玉华　雷登华
　　　　凌锡跃　李长江　杨　亚　李　杰

主　编：张利平

副主编：廖雨华

参　编（按姓氏笔画排序）：

万　莉　马龙强　王　果　王　笛　王元龙　王进国
王凯鑫　韦金明　邓寻腾　龙　瑞　田盛君　白亚敏
吕　浩　朱　涛　朱成科　朱远远　刘　军　刘小华
闫胜华　江　瑞　杜一丹　李　杰　李长江　李晓洁
杨　亚　杨　玲　吴荣华　陈　菊　陈文燕　卓东渡
罗　强　罗平元　郑　鸿　郑云才　胡　伟　柯　淼
袁　伟　桂淑红　晏明瑶　凌锡跃　高　宣　黄　利
粟泽胜　曾　进　曾　勇　靳　涛　蒲华靖　蒙　涛
雷登华　熊传渝　魏玉华

FOREWORD | 前言

　　随着水产养殖业的快速发展，水产养殖动物疾病问题日益突出，对养殖业的可持续发展构成了挑战。抗生素作为控制水生动物疾病的常用手段，在提高养殖产量的同时也引发了病原菌对抗生素的耐药性问题。病原菌耐药性的增加不仅影响疾病的治疗效果，还可能通过食物链传递给人类，从而威胁公共卫生安全。

　　为了解决上述问题，我国各级政府和相关部门高度重视水产养殖动物主要病原菌耐药性的监测工作。根据《农业农村部关于印发〈2024 年国家产地水产品兽药残留监控计划〉和〈2024 年国家水生动物疫病监测计划〉的通知》（农渔发〔2024〕5 号），以及《关于印发〈2024 年水产绿色健康养殖技术推广"五大行动"实施方案〉的通知》（农渔技函〔2024〕14 号）的要求，重庆市水产技术推广总站启动了 2023 年重庆市水产养殖动物主要病原菌耐药性监测工作。

　　本报告旨在总结 2023 年度重庆市水产养殖动物主要病原菌耐药性监测的数据和分析结果，为制定更为有效的水产养殖管理措施提供科学依据。通过对全市范围内重点养殖区域进行系统性采样和实验室检测，我们能够评估主要病原菌的耐药性水平及其变化趋势，并识别出潜在的风险因素。

　　我们希望通过这份报告，为政府部门、科研机构、养殖企业和广大消费者提供有价值的信息，以促进重庆市乃至全国水产养殖业的健康发展，确保水产品的质量和安全，保护生态环境，维护人类健康。

编　者

2024 年 7 月

CONTENTS | 目录

前言

2023 年重庆市水产养殖动物主要病原菌耐药性监测综合分析报告

2023 年重庆市水产技术推广总站组织联合北碚区、璧山区、长寿区等 14 个区（县）共同开展了水产养殖动物主要病原菌耐药性监测工作，对各地主要养殖品种，采集样品分离气单胞菌、爱德华氏菌、弧菌、柠檬酸杆菌等水产病原菌，监测其对恩诺沙星、硫酸新霉素、甲砜霉素、氟苯尼考、盐酸多西环素、氟甲喹、磺胺间甲氧嘧啶钠、磺胺间甲噁唑/甲氧苄啶等 8 种抗菌药物的耐药性。

一、重庆市相关地区耐药性监测的病原菌种类

总站与 14 个区（县）全年共普查了鲤、鲫、草鱼等 15 个品种，分离水产养殖动物病原菌共 738 株（表 1）。开展药物敏感性检测的病原菌共 496 株，占分离菌株总数的 67.2％，其中气单胞菌株 391 株（78.83％）、柠檬酸杆菌 34 株（6.85％）、类志贺邻单胞菌 31 株（6.25％）、爱德华氏菌 15 株（3.02％）、假单胞菌 6 株（1.21％）、弧菌 5 株（1.01％）以及其他菌种 14 株（2.82％）（图 1）。

表 1　2023 年重庆市水产养殖动物病原菌分离地点、宿主和数量

序号	分离地点	样品宿主来源	分离细菌数量（株）
1	市水产总站	草鱼、鲫、鲤、鲈	55
2	万州区	草鱼、鲫、鲤、鲈、黄鳝	41
3	涪陵区	草鱼、鲫	57
4	北碚区	草鱼、鲫	76
5	长寿区	黄颡鱼、鲈、翘嘴红鲌	25
6	合川区	草鱼、鲫、鲤、大口鲇	56
7	永川区	草鱼、鲫、青鱼、团头鲂、花鲢	20
8	大足区	草鱼、鲫、鲤	58
9	璧山区	鲫、牛蛙、黄颡鱼	36
10	潼南区	草鱼、鲫、鲤、鲈、黄颡鱼	30
11	开州区	草鱼、鲫、鲤、鲢、鳙、青鱼	77
12	武隆区	草鱼、鲈、黄颡鱼、青鱼、鲤、长吻鮠	65
13	云阳县	草鱼、鲫、鲤、鳊、黄颡鱼、鲢	50
14	巫溪县	草鱼、鲫、鲤	52
15	石柱县	草鱼、鲫、鲤	40

（续）

序号	分离地点	样品宿主来源	分离细菌数量（株）
		合计	738

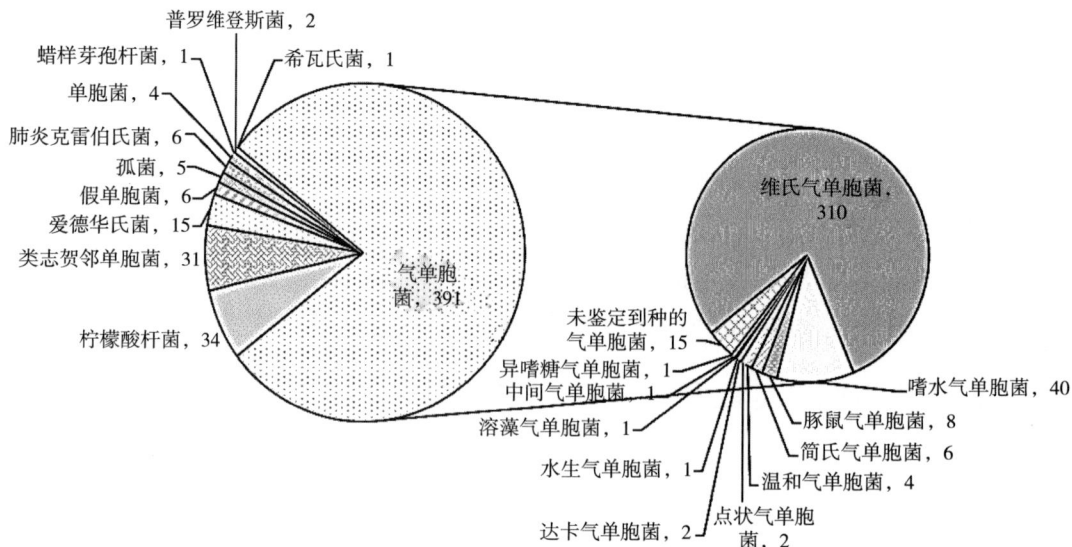

图1 重庆市耐药性监测病原菌种类分布（株）

二、重庆市范围内病原菌对不同药物的总体耐药性比较

根据2023年监测数据，重庆市主要水产养殖区水产动物病原菌对恩诺沙星、硫酸新霉素、甲砜霉素、氟苯尼考、盐酸多西环素、氟甲喹、磺胺间甲氧嘧啶钠和磺胺甲噁唑/甲氧苄啶8种国标水产用抗菌药物的敏感性差异较大（表2和表3）。

表2 2023年重庆市4类病原菌对不同药物的耐药率比较（%）

药物名称	气单胞菌	柠檬酸杆菌	类志贺邻单胞菌	爱德华氏菌
恩诺沙星	5.1	11.8	12.9	20.0
硫酸新霉素	1.5	—	—	0.0
甲砜霉素	13.3	—	—	73.3
氟苯尼考	10.2	76.5	29.0	40.0
盐酸多西环素	2.8	50.0	6.5	40.0
磺胺间甲氧嘧啶钠	52.9	82.4	48.4	53.3
磺胺甲噁唑/甲氧苄啶	5.4	44.1	25.8	26.7
菌株数	391	35	31	15

注：气单胞菌、柠檬酸杆菌、类志贺邻单胞菌和爱德华氏菌均无氟甲喹的耐药折点，无法计算耐药率。"—"表示无折点。

表 3 2023 重庆市范围内不同药物对主要分离病原菌的 MIC$_{50}$ 和 MIC$_{90}$ 的比较（μg/mL）

药物名称	气单胞菌		柠檬酸杆菌		类志贺邻单胞菌		爱德华氏菌		肺炎克雷伯氏菌		假单胞菌		弧菌	
	MIC$_{50}$	MIC$_{90}$	MIC$_{50}$	MIC$_{90}$	MIC$_{50}$	MIC$_{90}$	MIC$_{50}$	MIC$_{90}$	MIC$_{50}$	MIC$_{90}$	MIC$_{50}$	MIC$_{90}$	MIC$_{50}$	MIC$_{90}$
恩诺沙星	0.06	0.5	0.25	2	0.25	4	0.25	4	0.06	2	0.5	0.5	0.03	0.06
硫酸新霉素	1	2	1	2	2	8	1	2	1	2	0.5	4	1	2
甲砜霉素	2	128	256	>512	2	>512	16	>512	64	>512	>512	>512	4	8
氟苯尼考	0.5	4	32	>512	0.5	64	1	256	16	>512	512	>512	2	2
盐酸多西环素	0.25	4	8	>128	0.5	4	1	32	2	32	4	8	0.25	5
氟甲喹	1	64	8	>256	4	256	2	64	0.5	16	16	32	1	2
磺胺间甲氧嘧啶	512	>1 024	>1 024	>1 024	256	>1 024	512	>1 024	16	>1 024	>1 024	>1 024	256	>1 024
磺胺甲噁唑/甲氧苄啶	≤0.06/1.2	0.125/2.4	0.25/4.8	>64/1 216	≤0.06/1.2	>64/1 216	0.5/9.5	>64/1 216	0.125/2.4	>64/1 216	8/152	>64/1 216	≤0.06/1.2	≤0.06/1.2
菌株数	391		35		31		15		6		6		5	

由表 2 可以看出，总体上柠檬酸杆菌和爱德华氏菌对有对应耐药折点的抗菌药物的耐药率比其他两种菌要高，这是需要引起重视的。柠檬酸杆菌是条件致病菌，尤其是弗氏柠檬酸杆菌，感染水产动物之后，可引起脾脏和肝脏坏死肿大，消化道出现炎症，体表出血或腐烂，肌肉水肿等症状。柠檬酸杆菌引起的疾病症状与气单胞菌引起的症状相似，导致养殖户在致病菌的确定上出现错误判断。治疗方法的选择上没有针对性，从而导致柠檬酸杆菌的耐药性远高于气单胞菌。爱德华氏菌导致的病害会有明显的特征，即鱼的头部会出现"开天窗"的现象，爱德华氏菌主要是引起黄颡鱼的大规模病害。黄颡鱼具有较高的经济效益，养殖户在日常养殖中会使用抗菌药物来预防疾病的暴发，这可能是导致爱德华氏菌多重耐药率较高的原因。

由表 3 可知，甲砜霉素对气单胞菌的 MIC_{90} 在 $128\mu g/mL$ 以上，磺胺间甲氧嘧啶对气单胞菌的 MIC_{90} 在 $1\,024\mu g/mL$ 以上，提示重庆部分地区的水产养殖动物主要病原菌按国标抗菌药物说明书标注的用量，已经达不到治疗效果，在养殖过程中应尽量避免使用这两种药物。氟苯尼考的 MIC_{90} 为 $4\mu g/mL$，处于中介折点，养殖过程中不优先使用氟苯尼考；如果要使用氟苯尼考，需要严格遵循药物说明书进行配制使用。结合表 2、表 3，可以发现在水产养殖过程中使用硫酸新霉素、盐酸多西环素和磺胺甲噁唑/甲氧苄啶三种药物可以取得较好的治疗效果。但每个鱼塘的具体用药方法，还是需要有针对性做耐药性实验来确定。

三、不同养殖品种分离出病原菌对不同药物的耐药性比较

由表 4、表 5 和表 6 中可以看出，气单胞菌在水产养殖过程中普遍存在，是水产养殖中引起病害的主要病原菌。由图 2 可以发现，气单胞菌对磺胺间甲氧嘧啶的耐药性显著高于其他种类抗菌药物，这是因为磺胺类药物是通过干扰细菌的叶酸代谢来抑制细菌生长繁殖的。一旦细菌代谢途径改变，产生较多的二氢叶酸合成酶或能直接利用环境中的叶酸，磺胺类药物的抑菌效果就大大减弱。磺胺药物的作用是抑菌而不是杀菌，因此要保证磺胺类药物的抗菌作用，必须在一段足够长的时间内维持有效的血药浓度。

除鲈和黄颡鱼外，恩诺沙星、氟苯尼考和磺胺甲噁唑/甲氧苄啶对其他养殖品种鱼类分离出的气单胞菌的 MIC_{90} 范围在 $0.125\sim1\mu g/mL$、$0.5\sim2\mu g/mL$ 和 $\leqslant0.06/1.2\sim0.125/2.4\mu g/mL$，都在敏感范围内。除鲈外，盐酸多西环素对其他养殖品种鱼类分离出的气单胞菌的 MIC_{90} 范围在 $0.5\sim4\mu g/mL$，在对盐酸多西环素敏感的范围内。硫酸新霉素对所有品种分离出的气单胞菌的 MIC_{90} 都在 $1\sim4\mu g/mL$，对气单胞菌感染引起的病害具有很好的治疗效果。甲砜霉素对鲤、鳙和牛蛙中分离出的气单胞菌的 MIC_{90} 在 $2\sim4\mu g/mL$，三类养殖品种分离出的气单胞菌在对甲砜霉素敏感的范围内。

不同品种分离出的气单胞菌对 8 种抗菌药物的耐药性趋势具有一定差异。图 2 中，将鲤、鲫、鲢、鳙、草鱼和牛蛙 6 个品种与鲈、黄颡鱼 2 个品种中分离出的气单胞菌耐药性进行比较，发现恩诺沙星、甲砜霉素、氟苯尼考和磺胺甲噁唑/甲氧苄啶 5 种抗菌药物对鲤、鲫、鲢、鳙、草鱼和牛蛙 6 个品种比鲈和黄颡鱼更有效。从表 5 可以看出，在鲈和黄颡鱼中分离气单胞菌的耐药性实验中，恩诺沙星的 MIC_{90} 是 $8\mu g/mL$ 和 $4\mu g/mL$，是其他品种 MIC_{90} 的 16 倍和 8 倍；甲砜霉素的 MIC_{90} 是＞$512\mu g/mL$、氟苯尼考的 MIC_{90} 是 128 和 $64\mu g/mL$、磺胺甲噁唑/甲氧苄啶的 MIC_{90} 是＞$64/1\ 216\mu g/mL$，这些数值远超其他品种气单胞菌的 MIC_{90}。结合图 2、图 3 可知，硫酸新霉素对所有品种分离出的气单胞菌都具有较好的药效，其次是盐酸多西环素、恩诺沙星和磺胺甲噁唑/甲氧苄啶。在治疗鲈和黄颡鱼由气单胞菌感染引起的疾病时可以优先选择硫酸新霉素和盐酸多西环素，减少使用磺胺间甲氧嘧啶、甲砜霉素和氟苯尼考。表 6 可以看出柠檬酸杆菌、类志贺邻单胞菌和爱德华氏菌不同养殖品种的耐药性差异大，且对抗菌药物耐药率数值偏高，很可能是这三种病原菌的数量少，导致数值偏差大。想要获取代表性强的数据，还需要一定的菌株数量的积累。为减少养殖过程耐药菌株的产生，有条件的养殖场应选择当地能够进行病原菌分离鉴定的渔药店或自行设立简易实验室，对病原菌的种类进行鉴定，选用合适的抗菌药物进行治疗。

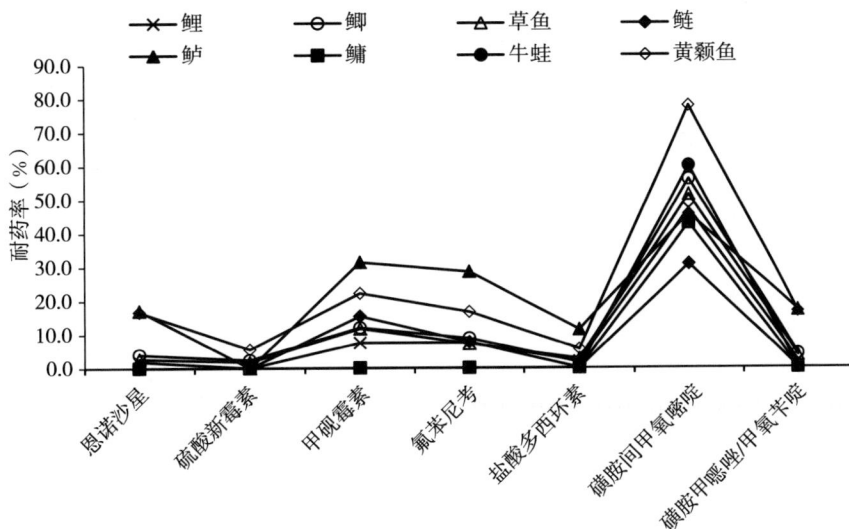

图 2　不同养殖品种分离气单胞菌对不同药物的耐药率比较

表 4 8 种抗菌药物对不同养殖品种分离菌的 MIC$_{50}$ 比较（μg/mL）

药物名称	气单胞菌								柠檬酸杆菌						类志贺邻单胞菌						爱德华氏菌			
	鲤	鲫	草鱼	鲮	鲈	鳙	牛蛙	黄颡鱼	鲤	鲫	草鱼	鲈	黄颡鱼	大口鲶	鲤	鲫	草鱼	鲈	黄颡鱼	长吻鮠	鲫	鲈	牛蛙	黄颡鱼
恩诺沙星	0.06	0.06	0.06	0.06	0.25	0.03	≤0.015	0.06	0.125	0.25	0.25	1	0.25	0.125	≤0.015	0.125	0.03	0.25	>32	0.03	0.03	0.5	0.03	4
硫酸新霉素	1	1	1	1	1	1	1	1	0.5	1	0.5	0.5	1	1	4	1	4	1	4	2	1	1	2	1
甲砜霉素	2	2	2	2	2	2	2	2	256	256	512	>512	256	2	2	2	2	4	>512	0.5	8	16	16	>512
氟苯尼考	0.5	0.5	0.5	0.5	1	0.5	0.5	0.5	32	16	64	>512	32	1	0.5	0.5	≤0.25	1	128	≤0.25	≤0.25	1	0.5	128
盐酸多西环素	0.5	0.25	0.25	1	0.5	0.5	0.25	0.5	2	4	4	16	4	2	0.25	0.5	0.25	0.5	1	0.125	0.5	0.5	1	32
氟甲喹	1	1	1	1	4	0.25	2	2	2	4	4	128	8	4	≤0.125	0.5	2	8	>256	1	0.25	2	≤0.125	8
磺胺间甲氧嘧啶	256	512	512	256	256	128	512	>1024	>1024	>1024	>1024	>1024	>1024	64	>1024	128	128	128	>1024	4	128	128	512	>1024
磺胺甲噁唑/甲氧苄啶	≤0.06/1.2	≤0.06/1.2	≤0.06/1.2	≤0.06/1.2	0.125/2.4	≤0.06/1.2	≤0.06/1.2	0.125/2.4	64/1216	0.125/2.4	64/1216	64/1216	0.125/2.4	≤0.06/1.2	≤0.06/1.2	/2.4	≤0.06/1.2	0.125/2.4	>64/1216	≤0.06/1.2	0.125/2.4	0.25/4.8	≤0.06/1.2	>64/1216
菌株数	53	125	111	13	35	7	5	18	2	12	4	7	3	1	1	4	2	18	3	2	2	9	2	2

表 5 8 种抗菌药物对不同养殖品种分离病原菌的 MIC$_{90}$ 比较（μg/mL）

药物名称	气单胞菌								柠檬酸杆菌						类志贺邻单胞菌						爱德华氏菌			
	鲤	鲫	草鱼	鲮	鲈	鳙	牛蛙	黄颡鱼	鲤	鲫	草鱼	鲈	黄颡鱼	大口鲶	鲤	鲫	草鱼	鲈	黄颡鱼	长吻鮠	鲫	鲈	牛蛙	黄颡鱼
恩诺沙星	0.5	0.5	0.5	1	8	0.125	0.125	4	2	1	0.5	>32	>32	0.125	≤0.015	1	0.5	>32	>32	0.03	0.25	16	0.06	4

（续）

气单胞菌

药物名称	鲤	鲫	草鱼	蛙	鲈	鳙	牛蛙	黄颡鱼
硫酸新霉素	2	4	4	2	2	1	2	4
甲砜霉素	2	16	16	16	>512	2	4	>512
氟苯尼考	1	2	0.5	2	128	1	0.5	64
盐酸多西环素	4	2	4	2	16	4	0.5	4
氟甲喹	64	64	64	32	>256	2	>256	256
磺胺间甲氧嘧啶	>1 024	>1 024	>1 024	>1 024	>1 024	>1 024	512	>1 024
磺胺甲噁唑/甲氧苄啶	0.125/2.4	0.125/2.4	0.125/2.4	0.125/2.4	>64/1 216	0.125/2.4	≤0.06/1.2	>64/1 216
菌株数	53	125	111	13	35	7	5	18

柠檬酸杆菌

药物名称	鲤	鲫	草鱼	鲈	黄颡鱼	大口鲇
硫酸新霉素	1	4	1	1	2	1
甲砜霉素	>512	>512	>512	>512	>512	2
氟苯尼考	>512	>512	>512	>512	>512	1
盐酸多西环素	>128	>128	16	>128	>128	2
氟甲喹	2	64	8	>256	>256	4
磺胺间甲氧嘧啶	>1 024	>1 024	>1 024	>1 024	>1 024	64
磺胺甲噁唑/甲氧苄啶	>64/1 216	>64/1 216	>64/1 216	64/1 216	>64/1 216	≤0.06/1.2
菌株数	2	12	4	7	3	1

类志贺邻单胞菌

药物名称	鲤	鲫	草鱼	鲈	黄颡鱼	长吻鮠
硫酸新霉素	4	8	8	128	4	4
甲砜霉素	2	128	2	>512	>512	0.5
氟苯尼考	0.5	32	≤0.25	128	128	≤0.25
盐酸多西环素	0.25	2	4	32	1	0.25
氟甲喹	≤0.125	2	4	>256	>256	1
磺胺间甲氧嘧啶	>1 024	>1 024	1 024	>1 024	>1 024	256
磺胺甲噁唑/甲氧苄啶	≤0.06/1.2	1/19	≤0.06/1.2	>64/1 216	>64/1 216	≤0.06/1.2
菌株数	1	4	3	18	3	2

爱德华氏菌

药物名称	鲫	鲈	牛蛙	黄颡鱼
硫酸新霉素	4	1	2	2
甲砜霉素	64	>512	>512	>512
氟苯尼考	4	>512	256	128
盐酸多西环素	16	32	1	>128
氟甲喹	4	256	2	8
磺胺间甲氧嘧啶	>1 024	>1 024	1 024	>1 024
磺胺甲噁唑/甲氧苄啶	2/38	>64/1 216	2/38	>64/1 216
菌株数	2	9	2	2

表 6 不同养殖品种分离病原菌对不同药物的耐药率比较（%）

气单胞菌

药物名称	鲤	鲫	草鱼	蛙	鲈	鳙	牛蛙	黄颡鱼
恩诺沙星	1.9	4.0	2.7	0.0	17.1	0.0	0.0	16.7
硫酸新霉素	0.0	2.4	1.8	0.0	0.0	0.0	0.0	5.6

柠檬酸杆菌

药物名称	鲤	鲫	草鱼	鲈	黄颡鱼	大口鲇
恩诺沙星	50.0	8.3	0.0	14.3	33.3	0.0
硫酸新霉素	—	—	—	—	—	—

类志贺邻单胞菌

药物名称	鲤	鲫	草鱼	鲈	黄颡鱼	长吻鮠
恩诺沙星	0.0	0.0	0.0	16.7	33.3	0.0
硫酸新霉素	—	—	—	—	—	—

爱德华氏菌

药物名称	鲫	鲈	牛蛙	黄颡鱼
恩诺沙星	0.0	11.1	0.0	100.0
硫酸新霉素	0.0	0.0	0.0	0.0

（续）

药物名称	气单胞菌								柠檬酸杆菌						类志贺邻单胞菌						爱德华氏菌			
	鲤	鲫	草鱼	鲢	鲈	鳙	牛蛙	黄颡鱼	鲤	鲫	草鱼	鲈	黄颡鱼	大口鲇	鲤	鲫	草鱼	鲈	黄颡鱼	长吻鮠	鲫	鲈	牛蛙	黄颡鱼
甲砜霉素	7.5	12.0	11.7	15.4	31.4	0.0	0.0	22.2	—	—	—	—	—	—	—	—	—	—	—	—	50.0	55.6	100.0	100.0
氟苯尼考	7.5	8.8	7.2	7.7	28.6	0.0	0.0	16.7	100	75.0	100	71.4	66.7	0.0	0.0	25.0	0.0	33.3	66.6	0.0	0.0	33.3	50.0	100.0
盐酸多西环素	1.9	1.6	2.7	0.0	11.4	0.0	0.0	5.6	50.0	41.7	50.0	57.1	33.3	0.0	0.0	0.0	0.0	11.1	0.0	0.0	50.0	33.3	0.0	100.0
磺胺间甲氧嘧啶	47.2	56.0	51.4	30.8	45.7	42.9	60.0	77.8	100	75.0	100	71.4	100	0.0	100	50.0	33.3	44.4	100	0.0	50.0	44.4	100.0	100.0
磺胺甲噁唑/甲氧苄啶	1.9	4.0	3.6	0.0	17.1	0.0	0.0	16.7	50.0	25.0	50.0	57.1	33.3	0.0	0.0	0.0	0.0	33.3	66.6	0.0	0.0	33.3	0.0	100.0
菌株数	53	125	111	13	35	7	5	18	2	12	4	7	3	1	1	4	3	18	3	2	2	2	9	2

注：气单胞菌、柠檬酸杆菌、类志贺邻单胞菌和爱德华氏菌均无氟甲喹的耐药折点，无法计算甲喹的耐药率。"—"表示无折点。

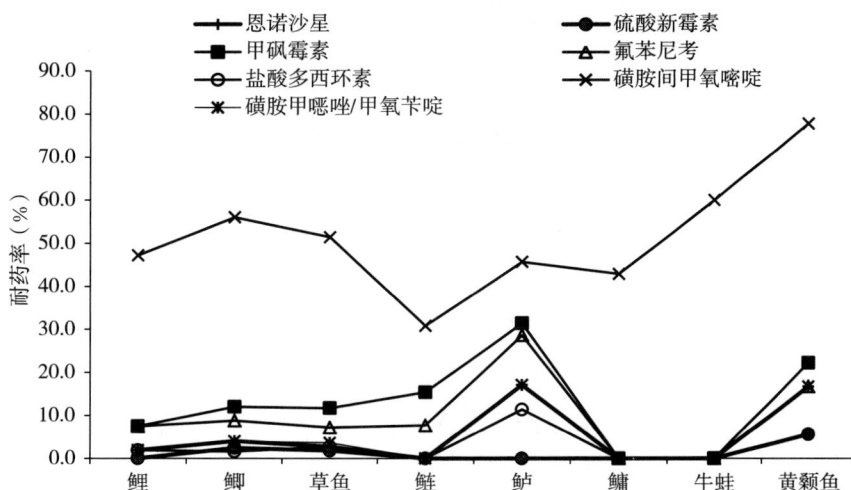

图 3 不同药物对不同养殖品种分离气单胞菌的耐药率比较

表 7 不同地区分离的气单胞菌对不同抗菌药物的耐药率比较（%）

药物名称	万州	涪陵	北碚	长寿	合川	永川	大足	璧山	潼南	开州	武隆	云阳	巫溪	石柱
恩诺沙星	6.9	0.0	0.0	28.6	0.0	11.5	11.5	0.0	9.5	0.0	12.0	3.8	0.0	0.0
硫酸新霉素	6.9	0.0	0.0	0.0	0.0	7.7	0.0	0.0	0.0	0.0	0.0	3.8	0.0	3.6
甲砜霉素	6.9	6.9	6.9	28.6	11.5	7.7	7.7	0.0	9.5	6.3	24.0	19.2	21.1	10.7
氟苯尼考	3.4	6.9	6.9	28.6	11.5	7.7	0.0	0.0	4.8	0.0	16.0	15.4	21.1	10.7
盐酸多西环素	0.0	3.4	0.0	0.0	3.8	3.8	0.0	0.0	0.0	0.0	12.0	3.8	2.6	0.0
磺胺间甲氧嘧啶	48.3	58.6	72.4	57.1	57.7	84.6	30.8	42.9	66.7	53.1	84.0	30.8	44.7	32.1
磺胺甲噁唑/甲氧苄啶	3.4	0.0	10.3	0.0	0.0	7.7	3.8	0.0	4.8	0.0	16.0	3.8	10.5	3.6
菌株数	29	29	29	7	26	26	26	14	22	32	25	26	38	28

表 8 不同抗菌药物对不同地区分离的气单胞菌的 MIC_{50} 比较（$\mu g/mL$）

药物名称	万州	涪陵	北碚	长寿	合川	永川	大足	璧山	潼南	开州	武隆	云阳	巫溪	石柱
恩诺沙星	0.06	0.06	0.125	0.125	0.125	0.125	0.06	≤0.015	≤0.015	0.06	0.06	1	≤0.015	0.06
硫酸新霉素	1	1	1	1	1	1	1	1	1	1	1	0.125	1	1
甲砜霉素	2	2	2	2	2	2	2	2	2	2	2	1	2	2
氟苯尼考	0.5	0.5	0.5	0.5	0.5	0.5	≤0.25	0.5	0.5	0.5	0.5	0.5	0.5	0.5
盐酸多西环素	0.25	0.5	1	0.5	0.5	0.25	0.25	0.25	0.25	0.25	0.5	0.5	0.25	0.25
氟甲喹	2	1	2	2	2	2	1	≤0.125	0.25	1	2	2	≤0.015	1
磺胺间甲氧嘧啶	256	>1 024	>1 024	1 024	1 024	>1 024	64	128	512	512	>1 024	64	256	128

（续）

药物名称	万州	涪陵	北碚	长寿	合川	永川	大足	璧山	潼南	开州	武隆	云阳	巫溪	石柱
磺胺甲噁唑/甲氧苄啶	≤0.06/1.2	≤0.06/1.2	>64/1 216	0.25/4.8	≤0.06/1.2	≤0.06/1.2	≤0.06/1.2	≤0.06/1.2	≤0.06/1.2	≤0.06/1.2	≤0.06/1.2	≤0.06/1.2	≤0.06/1.2	≤0.06/1.2
菌株数	29	29	29	7	26	26	26	14	22	32	25	26	38	28

表9　不同抗菌药物对不同地区分离的气单胞菌的 MIC₉₀ 比较（μg/mL）

药物名称	万州	涪陵	北碚	长寿	合川	永川	大足	璧山	潼南	开州	武隆	云阳	巫溪	石柱
恩诺沙星	0.25	0.5	0.25	4	0.5	4	4	0.5	2	0.25	4	1	0.25	0.25
硫酸新霉素	2	2	1	2	4	8	2	4	4	2	1	2	2	2
甲砜霉素	2	2	2	>512	64	8	4	4	8	2	>512	>512	>512	>512
氟苯尼考	0.5	1	0.5	128	8	1	0.5	1	1	1	64	32	32	32
盐酸多西环素	2	0.5	1	4	4	2	2	0.5	0.5	2	32	4	4	2
氟甲喹	64	128	2	64	>256	>256	64	64	64	8	>256	64	4	16
磺胺间甲氧嘧啶	>1 024	>1 024	>1 024	>1 024	>1 024	>1 024	>1 024	>1 024	>1 024	>1 024	>1 024	>1 024	>1 024	>1 024
磺胺甲噁唑/甲氧苄啶	0.125/2.4	0.125/2.4	>64/1 216	0.5/9.5	0.125/2.4	0.125/2.4	0.125/2.4	≤0.06/1.2	0.125/2.4	0.125/2.4	0.125/2.4	0.125/2.4	0.125/2.4	0.125/2.4
菌株数	29	29	29	7	26	26	26	14	22	32	25	26	38	28

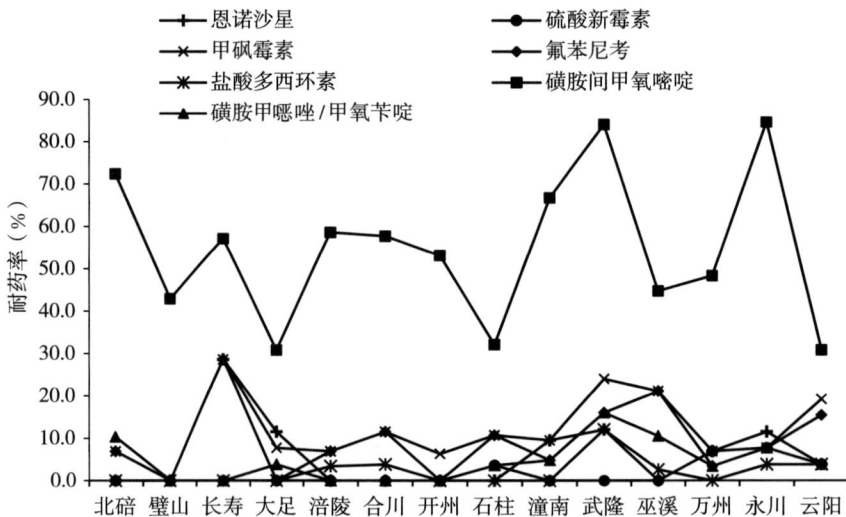

图4　7种抗菌药物在不同地区分离气单胞菌的耐药率比较

表 10　不同养殖品种中分离出的气单胞菌多重耐药情况频数分布及概率

耐药种类数	草鱼 数量(株)	草鱼 占比(%)	黄颡鱼 数量(株)	黄颡鱼 占比(%)	鲫 数量(株)	鲫 占比(%)	鲤 数量(株)	鲤 占比(%)	鲢 数量(株)	鲢 占比(%)	鲈 数量(株)	鲈 占比(%)	鳙 数量(株)	鳙 占比(%)	牛蛙 数量(株)	牛蛙 占比(%)
ENR	—	—	—	—	1	0.8	—	—	—	—	—	—	—	—	—	—
THI	1	0.9	—	—	1	0.8	—	—	1	7.7	—	—	—	—	—	—
SMM	44	39.6	9	50.0	55	44.0	23	43.4	4	30.8	7	20.0	3	42.9	3	60.0
SXT	—	—	—	—	—	—	1	1.9	—	—	—	—	—	—	—	—
ENR+THI	—	—	—	—	—	—	—	—	—	—	1	2.9	—	—	—	—
ENR+SMM	—	—	1	5.6	1	0.8	1	1.9	—	—	2	5.7	—	—	—	—
NEO+SMM	—	—	—	—	1	0.8	—	—	—	—	—	—	—	—	—	—
THI+FFC	—	—	—	—	1	0.8	2	3.8	1	7.7	3	8.6	—	—	—	—
THI+SMM	2	1.8	—	—	1	0.8	—	—	—	—	—	—	—	—	—	—
SMM+SXT	1	0.9	—	—	1	0.8	—	—	—	—	—	—	—	—	—	—
ENR+NEO+THI	1	0.9	—	—	—	—	—	—	—	—	—	—	—	—	—	—
ENR+THI+FFC	—	—	—	—	1	0.8	—	—	—	—	—	—	—	—	—	—
THI+FFC+DOX	1	0.9	—	—	1	0.8	1	1.9	—	—	—	—	—	—	—	—
THI+FFC+SMM	1	0.9	—	—	6	4.8	1	1.9	—	—	1	2.9	—	—	—	—
THI+SMM+SXT	—	—	—	—	1	0.8	—	—	—	—	—	—	—	—	—	—
ENR+NEO+ SMM+SXT	—	—	—	—	2	1.6	—	—	—	—	—	—	—	—	—	—
ENR+THI+ FFC+SMM	—	—	1	5.6	—	—	—	—	—	—	—	—	—	—	—	—
ENR+THI+ SMM+SXT	1	0.9	—	—	—	—	—	—	—	—	—	—	—	—	—	—

（续）

耐药种类数	草鱼		黄颡鱼		鲫		鲤		鲢		鲈		鳙		牛蛙	
	数量(株)	占比(%)	数量(株)	占比(%)	数量(株)	占比(%)	数量(株)	占比(%)	数量(株)	占比(%)	数量(株)	占比(%)	数量(株)	占比(%)	数量(株)	占比(%)
THI+FFC+DOX+SMM	1	0.9	1	5.6	1	0.8	—	—	—	—	2	5.7	—	—	—	—
THI+FFC+SMM+SXT	2	1.8	—	—	1	0.8	—	—	—	—	—	—	—	—	—	—
THI+DOX+SMM+SXT	—	—	1	5.6	—	—	—	—	—	—	—	—	—	—	—	—
NEO+THI+FFC+SMM+SXT	1	0.9	—	—	—	—	—	—	—	—	—	—	—	—	—	—
THI+FFC+DOX+SMM+SXT	—	—	—	—	—	—	—	—	—	—	1	2.9	—	—	—	—
ENR+NEO+THI+FFC+SMM+SXT	—	—	1	5.6	—	—	—	—	—	—	—	—	—	—	—	—
ENR+THI+FFC+DOX+SMM+SXT	—	—	—	—	—	—	—	—	—	—	3	8.6	—	—	—	—
菌株总数	111		18		125		53		13		35		7		5	

注：ENR，恩诺沙星；NEO，硫酸新霉素；THI，甲砜霉素；FFC，氟苯尼考；DOX，多西环素；SMM，磺胺间甲氧嘧啶；SXT，甲氧苄啶＋磺胺甲噁唑。"—"表示无耐药菌株。

表 10 更清楚展现了重庆市气单胞菌的整体耐药情况，多数养殖品种中分离的气单胞菌表现出多重耐药性，不同养殖品种的气单胞菌对相同抗菌药物的多重耐药性也存在不同。从表 10 中我们可以看出，大部分养殖品种中分离出的气单胞菌一重耐药程度都在 40% 以上；耐 7 种药物的耐药比例为 0，最低耐药种类为耐 1 种药物；最高耐药种类为耐 6 种药物。气单胞菌来源于黄颡鱼和鲈，这两种品种为高经济价值养殖品种，且养殖环境要求较高，这导致渔民在养殖过程中为追求经济价值而提高养殖密度和过量使用药物。

四、不同地区分离的气单胞菌对不同药物的耐药性比较

养殖时，不同地区用药也会有所差异。为了解不同地区的用药情况，笔者通过比较不同地区分离的气单胞菌对 7 种抗菌药物的耐药情况来初步判断区（县）的用药情况，详细信息可以看表 7、表 8 和表 9。结合表 7 和图 4，可以看出气单胞菌对磺胺间甲氧嘧啶在不同区（县）之间都表现出较高的耐药性，但是每个区（县）的耐药程度又有区别，大足、石柱和云阳分离出的气单胞菌对磺胺间甲氧嘧啶耐药率在 40% 以下，表现出相对较低的耐药率；璧山、长寿、涪陵、合川、开州、巫溪和万州的耐药率在 40%～60%，处在一个相对中间的水平；北碚、潼南、武隆和永川耐药率在 60%～84.6%，表现相对较高的耐药率。从图 4 可以看出，重庆地区耐药率第二高的抗菌药物是甲砜霉素，其次是氟苯尼考。这两类药物都是酰胺类抗生素，酰胺类抗生素的作用机制是抑制细菌的胞壁黏肽合成酶，从而阻碍细胞壁黏肽合成，使细菌壁缺损，菌体膨胀裂解死亡。动物没有细胞壁，因而这类药物对细菌有选择性的杀灭作用，对动物机体的毒性作用较小，因而在水产养殖过程中被广泛使用，且使用技术门槛较低。未接受正规培训的养殖户存在一定的错用、滥用风险，导致这两种药物的耐药率较高。

五、结论

（1）2023 年度耐药监测地区包括了重庆市水产养殖主要区域，采集的样品品种为重庆主要养殖品种，监测了多种病原菌。2023 年分离出数量较多的病原菌为气单胞菌、柠檬酸杆菌、类志贺邻单胞菌和爱德华氏菌，分离出少量的假单胞菌、弧菌和个别其他病原菌。淡水养殖品种中最常见的致病菌为气单胞菌。2023 年收集到的病原菌中以气单胞菌为主，其中维氏气单胞菌占比最大。

（2）就不同的病原菌而言，4 类主要病原菌均对磺胺间甲氧嘧啶具有较高的耐药水平。按 MIC_{90} 来判断，所有病原菌对恩诺沙星和硫酸新霉素都比较敏感；弧菌对除磺胺间甲氧嘧啶外的 7 种抗菌药物都敏感；气单胞菌对恩诺沙星、硫酸新霉素、氟苯尼考、盐酸多西环素和磺胺甲噁唑/甲氧苄啶都有较高的敏感性；柠檬酸杆菌、类志贺邻单胞菌、爱德华氏菌、肺炎克雷伯氏菌和假单胞菌对甲砜霉素、磺胺甲噁唑/甲

氧苄啶不敏感。

（3）就不同养殖品种而言，鲈和黄颡鱼所分离出的病原菌对恩诺沙星、甲砜霉素、氟苯尼考、氟甲喹和磺胺甲噁唑/甲氧苄啶的 MIC_{90} 都远高于其他品种，在这两个养殖品种养殖过程可能存在过量使用或者错用药物的情况。鲫中分离的所有病原菌对甲砜霉素的 MIC_{90} 都比四大家鱼的 MIC_{90} 大，可能是由于鲫养殖过程中使用最普遍的抗菌药物就是甲砜霉素。

（4）就不同抗菌药物而言，磺胺类药物作用机制是影响细菌对叶酸的代谢，单纯的磺胺类药物只能起到抑菌作用，要保证磺胺类药物的抗菌作用，必须在一段足够长的时间内维持有效的血药浓度或和其他抗菌药物联合使用。酰胺类抗菌药物的灭菌效果好并且副作用小，受广大养殖户喜爱，是养殖过程中使用最广和使用量最大的抗菌药物之一，但目前的监测数据显示，病原菌对酰胺类的两种水产用药（甲砜霉素和氟苯尼考）已经有较高的耐药率。

2023 年万州区水产养殖动物主要病原菌耐药性监测分析报告

王　果

（重庆市万州区水产研究所/
重庆市万州区水产技术推广站）

为了解、掌握水产养殖主要病原菌对渔用抗菌药物的耐药性情况及其变化规律，指导科学使用渔用抗菌药物，提高细菌性病害防控成效，推动渔业绿色高质量发展，万州区重点从草鱼、鲤、鲫等养殖品种中分离得到维氏气单胞菌、嗜水气单胞菌等病原菌，并测定其对 8 种水产用抗菌药物的敏感性，具体结果如下。

一、材料与方法

1. 样品采集

2023 年 4—10 月分别在万州区甘宁镇、长滩镇、龙沙镇、武陵镇、李河镇、响水镇、分水镇、柱山乡、双河口街道、五桥街道等采集鱼类样品，包括具有典型症状的病鱼和无病症健康鱼等试验样品，每月采集 5～6 个样品，累计采样 7 次，共计 37 个样品。

2. 病原菌分离筛选

用 75％乙醇将鱼体表黏液除去，于无菌的条件下进行解剖。每个样品选取 2～3 条鱼，无病症的鱼取其肝脏、脾脏、肾脏和鳃 4 种组织样本，有病症的鱼取病灶部位和肝脏、脾脏、肾脏和鳃。将样品的组织样本划线接种于血平板，28℃培育 24h，挑取具有 β 溶血圈的单菌落接种至 BHI 液体培养基中 28℃培养 24h。

3. 病原菌鉴定及保存

通过核酸提取试剂盒提取纯化细菌的核酸，使用细菌通用引物扩增其 16S rDNA，测序对比，确定属种。纯化后的细菌菌液以 1∶1 的比例和无菌 50％甘油混合保种，存放于－80℃冰箱保存。

二、药敏测试结果

1. 病原菌分离鉴定总体情况

对所采集的鱼类样品进行细菌分离，对获得的菌株进行了菌种鉴定，通过测序比对，共鉴定出维氏气单胞菌、嗜水气单胞菌、柠檬酸杆菌、弗氏柠檬酸杆菌、弗劳地柠檬酸杆菌、肺炎克雷伯氏菌、恶臭假单胞杆菌等 4 属 7 种共计 36 株病原菌，全部为革兰氏阴性菌。其中，气单胞菌属 29 株，柠檬酸杆菌属 5 株，假单胞菌属 1 株，克雷伯氏菌属 1 株，维氏气单胞菌占分离致病菌总数的 69%（图 1），采样样本情况表明，万州区养殖水环境中优势病原菌为维氏气单胞菌。

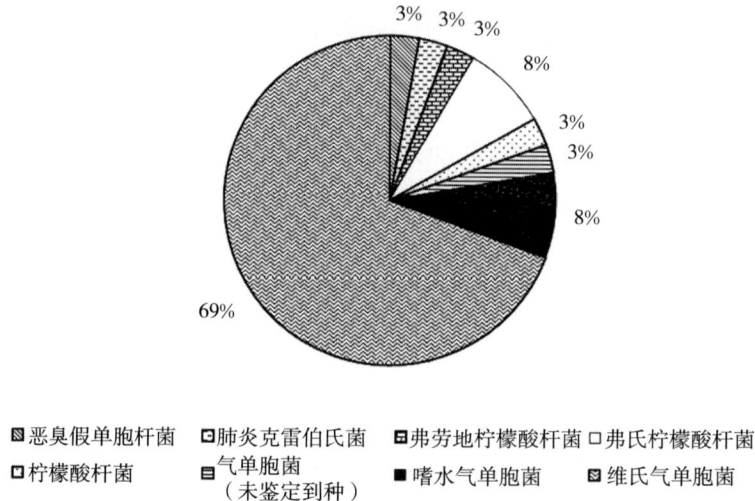

图 1　分离病原菌分类统计

2. 病原菌对不同抗菌药物的耐药性分析

对鉴定的 36 株病原菌进行耐药性实验，其中 29 株气单胞菌对恩诺沙星、氟苯尼考、盐酸多西环素、磺胺间甲氧嘧啶钠、磺胺甲噁唑/甲氧苄啶、硫酸新霉素、甲砜霉素和氟甲喹等 8 种水产用抗菌药物的耐药性监测情况见表 1 所示。分离鉴定的气单胞菌对氟苯尼考、盐酸多西环素和磺胺甲噁唑/甲氧苄啶的敏感性最高，敏感率均为 96.6%，对恩诺沙星、硫酸新霉素、甲砜霉素呈现较高的敏感性，敏感率均为 93.1%，对磺胺间甲氧嘧啶钠的耐药率较高，耐药率为 48.3%，磺胺间甲氧嘧啶钠对气单胞菌的 MIC_{90} 为 $>1\,024\,\mu g/mL$。

此外，其他 7 株病原菌耐药性监测情况见表 2 所示。分离得到的 1 株恶臭假单胞杆菌对氟苯尼考、磺胺间甲氧嘧啶钠、磺胺甲噁唑/甲氧苄啶、甲砜霉素表现出耐药性。分离得到的 1 株肺炎克雷伯氏菌对氟苯尼考、磺胺间甲氧嘧啶钠、甲砜霉素表现出耐药性。分离得到的 5 株柠檬酸杆菌属的病原菌均表现出对氟苯尼考、磺胺间甲氧嘧啶钠、甲砜霉素的耐药性，其中 3 株还表现出对盐酸多西环素、磺胺甲噁唑/甲氧苄啶的耐药性。

表 1　气单胞菌属耐药性监测总体情况表（$n=29$）

供试药物	MIC_{50} ($\mu g/mL$)	MIC_{90} ($\mu g/mL$)	耐药率 (%)	中介率 (%)	敏感率 (%)	耐药性判定参考值（$\mu g/mL$）		
						耐药折点	中介折点	敏感折点
恩诺沙星	0.06	0.25	6.9	0	93.1	$\geqslant 4$	$1\sim 2$	$\leqslant 0.5$

（续）

供试药物	MIC$_{50}$（μg/mL）	MIC$_{90}$（μg/mL）	耐药率（%）	中介率（%）	敏感率（%）	耐药性判定参考值（μg/mL）		
						耐药折点	中介折点	敏感折点
氟苯尼考	0.5	0.5	3.4	0	96.6	≥8	4	≤2
盐酸多西环素	0.25	2	0	3.4	96.6	≥16	8	≤4
磺胺间甲氧嘧啶钠	256	＞1 024	48.3	—	51.7	≥512	—	≤256
磺胺甲噁唑/甲氧苄啶	≤1.2/0.06	2.4/0.125	3.4	—	96.6	≥76/4	—	≤38/2
硫酸新霉素	1	2	6.9	—	93.1	≥16	8	≤4
甲砜霉素	2	2	6.9	—	93.1	≥16	—	≤8
氟甲喹	2	64	—	—	—	—	—	—

注："—"表示无折点；耐药性判定参考值只适用于气单胞菌、弧菌、假单胞菌、爱德华氏菌等革兰氏阴性菌，其他细菌可只统计 MIC$_{50}$ 和 MIC$_{90}$。

表 2　其他病原菌对不同抗菌药物的 MIC 值（μg/mL）

细菌编号	菌种鉴定	恩诺沙星	氟苯尼考	盐酸多西环素	磺胺间甲氧嘧啶钠	磺胺甲噁唑/甲氧苄啶	硫酸新霉素	甲砜霉素	氟甲喹
WZ2023003S1	恶臭假单胞杆菌	0.5	＞512	4	＞1 024	＞1 216/64	1	＞512	32
WZ2023031SAI2	肺炎克雷伯氏菌	0.03	16	2	＞1 024	≤1.2/0.06	0.5	128	1
WZ2023005P	弗劳地柠檬酸杆菌	≤0.015	32	4	＞1 024	2.4/0.125	0.5	256	1
WZ2023003SAI	弗氏柠檬酸杆菌	0.25	32	2	＞1 024	≤1.2/0.06	0.5	256	4
LD2022015S	弗氏柠檬酸杆菌	1	＞512	16	＞1 024	＞1 216/64	0.5	＞512	32
LD2022015P2	弗氏柠檬酸杆菌	1	＞512	32	＞1 024	＞1 216/64	0.5	＞512	128
LD2022015P1	柠檬酸杆菌	1	＞512	16	＞1 024	＞1 216/64	0.5	＞512	32

3. 气单胞菌对不同药物的敏感性

从试验结果来看，8 种水产用抗菌药物对 29 株气单胞菌的 MIC 频数分布见表 3 至表 8。恩诺沙星对菌株的 MIC 分布为 2 株在 4 μg/mL，其余菌株集中分布在 0.5 μg/mL 以下；盐酸多西环素对菌株的 MIC 分布在 0.125～8 μg/mL；硫酸新霉素对菌株的 MIC 分布为 16 μg/mL、64 μg/mL 各分布有 1 株，其余菌株集中分布在 0.5～2 μg/mL；氟甲喹对菌株的 MIC 主要分布在 64 μg/mL 以下；甲砜霉素对菌株的 MIC 分布为 2 株在 256 μg/mL，其余菌株集中分布在 1～4 μg/mL；氟苯尼考对菌株的 MIC 分布为 32 μg/mL、2 μg/mL 各分布有 1 株，其余菌株集中分布在 0.5 μg/mL；磺胺间甲氧嘧啶钠对菌株的 MIC 分布为 1 株在 4 μg/mL，其余菌株分布在 32 μg/mL 以上；磺胺甲噁唑/甲氧苄啶对菌株的 MIC 分布为 1 株在 1 216/64 μg/mL 以上，其余菌株分布在 9.5/0.5 μg/mL 以下。

表 3　恩诺沙星对气单胞菌的 MIC 频数分布（n＝29）

供试药物	不同药物浓度（μg/mL）下的菌株数（株）											
	≥32	≥16	8	4	2	1	0.5	0.25	0.125	0.06	0.03	≤0.015
恩诺沙星	0	0	0	2	0	0	1	3	6	12	1	4

表 4　盐酸多西环素对气单胞菌的 MIC 频数分布（n＝29）

供试药物	不同药物浓度（μg/mL）下的菌株数（株）											
	128	64	32	16	8	4	2	1	0.5	0.25	0.125	≤0.06
盐酸多西环素	0	0	0	0	1	1	2	2	5	17	1	0

表 5　硫酸新霉素、氟甲喹对气单胞菌的 MIC 频数分布（n＝29）

供试药物	不同药物浓度（μg/mL）下的菌株数（株）											
	≥256	128	64	32	16	8	4	2	1	0.5	0.25	≤0.125
硫酸新霉素	0	0	1	0	1	0	0	3	16	8	0	0
氟甲喹	1	0	4	1	2	1	1	5	9	1	1	3

表 6　甲砜霉素、氟苯尼考对气单胞菌的 MIC 频数分布（n＝29）

供试药物	不同药物浓度（μg/mL）下的菌株数（株）											
	≥512	256	128	64	32	16	8	4	2	1	0.5	≤0.25
甲砜霉素	0	2	0	0	0	0	0	1	15	11	0	0
氟苯尼考	0	0	0	1	0	0	0	0	1	0	17	10

表 7　磺胺间甲氧嘧啶钠对气单胞菌的 MIC 频数分布（n＝29）

供试药物	不同药物浓度（μg/mL）下的菌株数（株）										
	≥1 024	512	256	128	64	32	16	8	4	2	≤1
磺胺间甲氧嘧啶钠	12	2	2	7	3	2	0	0	1	0	0

表 8　磺胺甲噁唑/甲氧苄啶对气单胞菌的 MIC 频数分布（n＝29）

供试药物	不同药物浓度（μg/mL）下的菌株数（株）										
	≥1 216/64	≥608/32	304/16	152/8	76/4	38/2	19/1	9.5/0.5	4.8/0.25	2.4/0.12	≤1.2/0.06
磺胺甲噁唑/甲氧苄啶	1	0	0	0	0	0	0	1	1	5	21

三、分析与建议

　　为了解和掌握水产养殖动物主要病原微生物的药物敏感性变化，推进水产养殖用药减量行动，提高水产养殖环节抗菌药物安全、规范、科学使用的能力和水平，万州区开展 2023 年水产养殖主要病原微生物耐药性普查工作，结合《水生动物细菌性病原鉴定技术规范》《水生动物细菌性病原菌耐药分析技术规范》，2023 年共分离鉴定出了 36 株病原菌，其中气单胞菌对磺胺间甲氧嘧啶钠表现出较高的耐药性，柠檬酸杆菌对氟苯尼考、磺胺间甲氧嘧啶钠、甲砜霉素表现出较高的耐药性。这一结果与现阶段水产养殖中经常使用这些药物是相关联的。针对本次水产养殖动物主要病原微生物的耐药性分析，主要形成如下建议。

一是加快制定水生动物细菌性病原鉴定技术规范的地方标准。随着水产养殖集约化程度不断提高，在水产养殖过程中，水生动物细菌性疾病是目前危害渔业生产的较严重疾病，为了精准、快速地诊断病原，科学地防控病害，实现用药减量的目的，急需制定水生动物细菌性病原鉴定技术规范的地方标准。二是增加养殖品种监测覆盖面。2023 年万州区水产养殖主要病原微生物耐药性普查工作采集的鱼类样品主要涉及草鱼、鲤、鲫、鲈、黄鳝等 5 个品种，分离鉴定的细菌共 4 属 7 种 36 株。总体上养殖品种监测覆盖面窄，导致分离出的菌株样本不足，接下来的工作需对更多常见养殖品种进行病原菌耐药性监测。三是强化用药指导。科学规范的指导水产养殖主体合理用药是避免耐药菌产生的措施。主要包括以防治为主、减少用药、对症下药、定期监测等。

2023 年涪陵区水产养殖动物主要病原菌耐药性监测分析报告

晏明瑶　杨　玲　朱远远　刘小华

（重庆市涪陵区畜牧兽医发展中心）

为了解、掌握水产养殖主要病原菌对渔用抗菌药物的耐药性情况及其变化规律，指导科学使用渔用抗菌药物，提高细菌性病害防控成效，推动渔业绿色高质量发展，涪陵区重点从草鱼和鲫中分离得到维氏气单胞菌、嗜水气单胞菌、豚鼠气单胞菌和简氏气单胞菌，并测定其对 8 种水产用抗菌药物的敏感性，具体结果如下。

一、材料与方法

1. 样品采集

于 2023 年 5—10 月从重庆市涪陵区各水产养殖基地中采集常见发病或健康的水产养殖动物，主要为淡水品种的草鱼和鲫。每份样品单独用无菌密封袋密封，低温保存，快速运回实验室进行细菌分离。

2. 病原菌分离与筛选

无病症时将鱼解剖后，取其肝脏、脾脏、肾脏和鳃 4 种组织样本；有病症时取病灶部位和肝脏、脾脏、肾脏、鳃。将样品的组织样本划线接种于血平板，28℃培育 24h，挑取具有 β 溶血圈的单菌落接种至 BHI 液体培养基中 28℃培养 24h。

3. 病原菌鉴定及保存

通过核酸提取试剂盒提取纯化细菌的核酸，使用细菌通用引物扩增其 16S rDNA，测序比对，确定种属。纯化后的细菌菌液以 1∶1 的比例和无菌 50% 甘油混合保种，存放于－80℃冰箱保存。

二、药敏测试结果

1. 病原菌分离鉴定总体情况

2023 年 5—10 月在重庆市涪陵区各水产养殖场收集样品总共分离得到气单胞菌属细菌 27 株，其中维氏气单胞菌 23 株，占比 85%；嗜水气单胞菌 2 株，占比 7%；豚鼠气单胞菌 1 株，占比 4%；简氏气单胞菌 1 株，占比 4%。

2. 气单胞菌属对不同抗菌药物的耐药性影响

如图 1 所示，气单胞菌属对磺胺间甲氧嘧啶钠的耐药率最高，达 59.26%；对恩诺沙星的中介率最高，达 7.41%；对磺胺甲噁唑/甲氧苄啶的敏感率最高，达 100%。

气单胞菌属对氟甲喹的耐药率、中介率、敏感率未检测出结果。

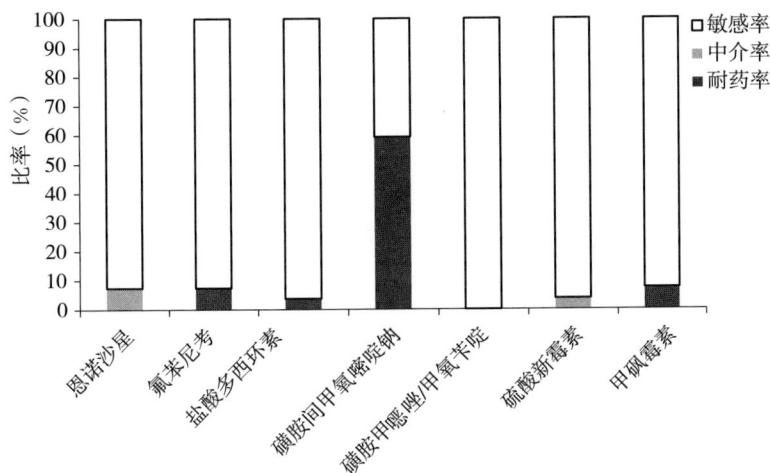

图 1 气单胞菌属耐药性监测总体情况（$n=27$）

3. 不同抗菌药物对气单胞菌属 MIC 的影响

（1）**不同抗菌药物对气单胞菌属的 MIC_{50} 和 MIC_{90}** 恩诺沙星、氟苯尼考、盐酸多西环素、磺胺间甲氧嘧啶钠、磺胺甲噁唑/甲氧苄啶、硫酸新霉素、甲砜霉素和氟甲喹对气单胞菌属的 MIC_{50} 分别为 $0.06\mu g/mL$、$0.5\mu g/mL$、$0.5\mu g/mL$、$1\,024\mu g/mL$、$\leqslant 0.06/1.2\mu g/mL$、$1\mu g/mL$、$2\mu g/mL$、$1\mu g/mL$；$MIC_{90}$ 分别为 $0.5\mu g/mL$、$1\mu g/mL$、$0.5\mu g/mL$、$>1\,024\mu g/mL$、$0.125/2.4\mu g/mL$、$2\mu g/mL$、$2\mu g/mL$、$128\mu g/mL$。

（2）**不同抗菌药物对气单胞菌属的 MIC 频率分布** 如表 1 所示，气单胞菌属在 $\geqslant 32\mu g/mL$、$\geqslant 16\mu g/mL$、$8\mu g/mL$、$4\mu g/mL$、$2\mu g/mL$、$1\mu g/mL$、$0.5\mu g/mL$、$0.25\mu g/mL$、$0.125\mu g/mL$、$0.06\mu g/mL$、$0.03\mu g/mL$、$\leqslant 0.015\mu g/mL$ 浓度的恩诺沙星分布频率分别为 0 株、0 株、0 株、0 株、1 株、1 株、2 株、2 株、4 株、12 株、0 株、5 株，当恩诺沙星浓度为 $0.06\mu g/mL$ 时分布频率最高，达 12 株。

表 1 恩诺沙星对气单胞菌属的 MIC 频数分布（$n=27$）

供试药物	不同药物浓度（$\mu g/mL$）下的菌株数（株）											
	$\geqslant 32$	$\geqslant 16$	8	4	2	1	0.5	0.25	0.125	0.06	0.03	$\leqslant 0.015$
恩诺沙星	0	0	0	0	1	1	2	2	4	12	0	5

如表 2 所示，气单胞菌属在 $128\mu g/mL$、$64\mu g/mL$、$32\mu g/mL$、$16\mu g/mL$、$8\mu g/mL$、$4\mu g/mL$、$2\mu g/mL$、$1\mu g/mL$、$0.5\mu g/mL$、$0.25\mu g/mL$、$0.125\mu g/mL$、$\leqslant 0.06\mu g/mL$ 浓度的盐酸多西环素分布频率分别为 0 株、0 株、1 株、0 株、0 株、0 株、1 株、1 株、10 株、13 株、1 株、0 株，当盐酸多西环素浓度为 $0.25\mu g/mL$ 时分布频率最高，达 13 株。

表2 盐酸多西环素对气单胞菌属的 MIC 频数分布 （n＝27）

供试药物	不同药物浓度（μg/mL）下的菌株数（株）											
	128	64	32	16	8	4	2	1	0.5	0.25	0.125	≤0.06
盐酸多西环素	0	0	1	0	0	0	1	1	10	13	1	0

如表 3 所示，气单胞菌属在≥256μg/mL、128μg/mL、64μg/mL、32μg/mL、16μg/mL、8μg/mL、4μg/mL、2μg/mL、1μg/mL、0.5μg/mL、0.25μg/mL、≤0.125μg/mL 浓度的硫酸新霉素分布频率分别为 0 株、0 株、0 株、0 株、0 株、1 株、1 株、3 株、18 株、4 株、0 株、0 株，当硫酸新霉素浓度为 1μg/mL 时分布频率最高，达 18 株；氟甲喹分布频率分别为 2 株、2 株、0 株、0 株、0 株、0 株、1 株、3 株、12 株、1 株、0 株、6 株，当氟甲喹浓度为 1μg/mL 时分布频率最高，达 12 株。

表3 硫酸新霉素、氟甲喹对气单胞菌属的 MIC 频数分布 （n＝27）

供试药物	不同药物浓度（μg/mL）下的菌株数（株）											
	≥256	128	64	32	16	8	4	2	1	0.5	0.25	≤0.125
硫酸新霉素	0	0	0	0	0	1	1	3	18	4	0	0
氟甲喹	2	2	0	0	0	0	1	3	12	1	0	6

如表 4 所示，气单胞菌属在≥512μg/mL、256μg/mL、128μg/mL、64μg/mL、32μg/mL、16μg/mL、8μg/mL、4μg/mL、2μg/mL、1μg/mL、0.5μg/mL、≤0.25μg/mL 浓度的甲砜霉素分布频率分别为 1 株、1 株、0 株、0 株、0 株、0 株、0 株、0 株、19 株、5 株、1 株、0 株，当甲砜霉素浓度为 2μg/mL 时分布频率最高，达 19 株；氟苯尼考分布频率分别为 0 株、1 株、0 株、0 株、1 株、0 株、0 株、0 株、0 株、1 株、15 株、9 株，当氟苯尼考浓度为 0.5μg/mL 时分布频率最高，达 15 株。

表4 甲砜霉素、氟苯尼考对气单胞菌属的 MIC 频数分布 （n＝27）

供试药物	不同药物浓度（μg/mL）下的菌株数（株）											
	≥512	256	128	64	32	16	8	4	2	1	0.5	≤0.25
甲砜霉素	1	1	0	0	0	0	0	0	19	5	1	0
氟苯尼考	0	1	0	0	1	0	0	0	0	1	15	9

如表 5 所示，气单胞菌属在≥1 024μg/mL、512μg/mL、256μg/mL、128μg/mL、64μg/mL、32μg/mL、16μg/mL、8μg/mL、4μg/mL、2μg/mL、≤1μg/mL 浓度的磺胺间甲氧嘧啶钠分布频率分别为 16 株、0 株、1 株、2 株、2 株、3 株、3 株、0 株、0 株、0 株、0 株，当磺胺间甲氧嘧啶钠浓度为≥1 024 时分布频率最高，达 16 株。

表 5　磺胺间甲氧嘧啶钠对气单胞菌属的 MIC 频数分布 （n＝27）

供试药物	不同药物浓度 （μg/mL） 下的菌株数（株）										
	≥1 024	512	256	128	64	32	16	8	4	2	≤1
磺胺间甲氧嘧啶钠	16	0	1	2	2	3	3	0	0	0	0

如表 6 所示，气单胞菌属在 ≥1 216/64μg/mL、≥608/32μg/mL、304/16μg/mL、152/8μg/mL、76/4μg/mL、38/2μg/mL、19/1μg/mL、9.5/0.5μg/mL、4.8/0.25μg/mL、2.4/0.12μg/mL、≤1.2/0.06μg/mL 浓度的磺胺甲噁唑/甲氧苄啶分布频率分别为 0 株、0 株、0 株、0 株、0 株、0 株、0 株、1 株、0 株、6 株、20 株，当磺胺甲噁唑/甲氧苄啶浓度为 ≤1.2/0.06 时分布频率最高，达 20 株。

表 6　磺胺甲噁唑/甲氧苄啶对气单胞菌的 MIC 频数分布 （n＝27）

供试药物	药物浓度 （μg/mL） 和菌株数（株）										
	≥1 216/64	≥608/32	304/16	152/8	76/4	38/2	19/1	9.5/0.5	4.8/0.25	2.4/0.12	≤1.2/0.06
磺胺甲噁唑/甲氧苄啶	0	0	0	0	0	0	0	1	0	6	20

三、讨论与分析

随着生活水平的提高，消费者对水产品的需求由数量型转为质量型，对优质水产品的需求越来越迫切。水产品质量受养殖、流通和加工等环节中的多种因素影响，其中养殖环节中水产品体内所含菌群种类对水产品质量影响很大。

1. 气单胞菌属的耐药性

本试验结果表明，27 株菌株对恩诺沙星、氟苯尼考、盐酸多西环素、磺胺甲噁唑/甲氧苄啶、硫酸新霉素、甲砜霉素的敏感率高，达 90％以上，其中对磺胺甲噁唑/甲氧苄啶敏感率最高，达 100％，但磺胺间甲氧嘧啶钠的敏感率为 40.74％，耐药率高达 59.26％。这说明病原菌耐药的复杂性，水产养殖中采用单一给药方案，难以获得较好结果。

2. 抗菌药物对气单胞菌属的 MIC

本试验结果表明，恩诺沙星、氟苯尼考、盐酸多西环素、硫酸新霉素、甲砜霉素 MIC 范围均低于或等于 2μg/mL，敏感率范围 92.59％～96.30％；磺胺甲噁唑/甲氧苄啶的 MIC 最低，MIC_{50} 为 ≤0.06/1.2μg/mL，MIC_{90} 为 0.125/2.4μg/mL，同时该药物敏感率高达 100％；氟甲喹 MIC_{50} 为 1μg/mL，MIC_{90} 为 128μg/mL；磺胺间甲氧嘧啶钠最高，MIC_{50} 为 1 024μg/mL，MIC_{90} 为 ＞1 024μg/mL，敏感率为 40.74％。表明在气单胞菌属类疾病防治中可优先使用磺胺甲噁唑/甲氧苄啶；磺胺间甲氧嘧啶钠耐药现象较为严重；恩诺沙星、氟苯尼考、盐酸多西环素、硫酸新霉素、甲砜霉素已出现一定程度的耐药，但若合理控制、科学用药，仍可作为水产养殖中的备选药物。

四、建议措施

综上所述，对渔药使用中存在的耐药性风险，应采取以下措施进行防控：

1. 坚持"以防为主，防治结合"方针

水产养殖过程中，坚持"以防为主，防治结合"的渔病防治方针，加强健康养殖管理，减少病害发生。

2. 落实水产绿色健康养殖"五大行动"

以水产绿色健康养殖"五大行动"为抓手，一是加大水产绿色健康养殖技术的宣传力度。定期组织开设生态养殖技术培训班，组织养殖户外出交流学习，推广应用鱼菜共生和稻渔综合种养等技术模式。二是大力推广水产健康养殖模式。重点发展稻渔、大水面生态养殖，全域推广养殖尾水治理，主推池塘"一改五化"集成养殖、池塘鱼菜共生综合种养模式。三是推进水产养殖用投入品专项整治三年行动。做好水产养殖病原微生物耐药监测，做到精准用药，减量用药。以大口黑鲈、凡纳滨对虾等品种为重点，强化养殖技术研发集成。四是继续强化生产监管。加强养殖场用药、投饲管理，指导并督促养殖户完善生产记录本。

3. 提高疾病的诊断水平

近年来，一些常见水生动物疫病发生率高，感染速度快。同时养殖品种增加，养殖户缺少相关专业知识，水产健康养殖技术水平还不高，导致水生动物疫病不断出现，给疫病防控带来新挑战。因此，应采取举办各种形式的水产养殖病害防控技术培训班，普及水生动物病害常见诊断与防治技术，切实提高从业者水生动物病害诊断技术。

4. 及时检测和规范用药

发生鱼病后，应该及时检测并掌握病原菌耐药状况的变化。致病菌一旦产生耐药性，就会对药物的敏感性下降直至消失，致使药物的疗效降低甚至无效。因此，加强水产养殖水域中病原菌对各种抗菌药物的敏感性监测，利于及时了解致病菌耐药性的变化趋势，正确选用药物和确认使用剂量，科学防控鱼病。

5. 禁止使用禁用药

在养殖生产中，渔药的使用应遵循农业农村部第 250 号公告的相关禁用药规定。

6. 严格执行休药期制度

水生动物发病后，使用渔药应该执行农业部第 278 号公告的相关休药期规定。

2023 年北碚区水产养殖动物主要病原菌耐药性监测分析报告

万　莉[1]　王　笛[1]　罗平元[1]　龙　瑞[2]

（1. 重庆市北碚区农业农村委员会　2. 西南大学水产学院）

为了解、掌握水产养殖主要病原菌对渔用抗菌药物的耐药性情况及其变化规律，指导科学使用渔用抗菌药物，提高细菌性病害防控成效，推动渔业绿色高质量发展，重庆市北碚区重点从鲫和草鱼中分离得到维氏气单胞菌、嗜水气单胞菌和达卡气单胞菌等病原菌，并测定了其对 8 种水产用抗菌药物的敏感性，具体结果如下。

一、材料与方法

1. 样品采集

在重庆市北碚区设置 4 个固定采样点，分别是北碚区天佑养殖场、北碚区贺吕养殖场、北碚区梁康勇养殖场和重庆市琦水农业开发有限公司。2023 年 4—10 月每月从采样点各采样一次。采样鱼种为鲫和草鱼，每个样品 2～4 尾鱼。采集样品时记录渔场的发病情况、用药情况和鱼类死亡情况等信息。

2. 病原菌分离筛选

在无菌超净台上，取无症状鱼的肝脏、脾脏、肾脏和鳃组织，有病症时取病灶部位、肝脏、脾脏、肾脏和鳃组织。将组织样品划线接种于血琼脂平板，28℃培养24h，挑取具有 β 溶血圈的单菌落接种至 BHI 液体培养基中 28℃培养 24h。

3. 病原菌鉴定及保存

通过 DNA 提取试剂盒提取细菌的 DNA，使用细菌 16S rDNA 的通用引物 27F 和1492R 进行 PCR 扩增，对扩增产物进行测序，测序结果在 NCBI 平台进行序列同源性分析，确定细菌的属种。纯化后的细菌菌液以 1∶1 的比例和 50％无菌甘油混合，于−80℃冰箱长期保存。

二、药敏测试结果

1. 病原菌分离鉴定总体情况

共分离病原菌 30 株，其中维氏气单胞菌 22 株、嗜水气单胞菌 2 株、达卡气单胞菌 2 株、豚鼠气单胞菌 1 株、简氏气单胞菌 1 株、气单胞菌 1 株和弗氏柠檬酸杆菌 1株。维氏气单胞菌占分离致病菌总数的 73.33％（图 1），表明北碚区养殖水环境中优势病原菌为维氏气单胞菌。

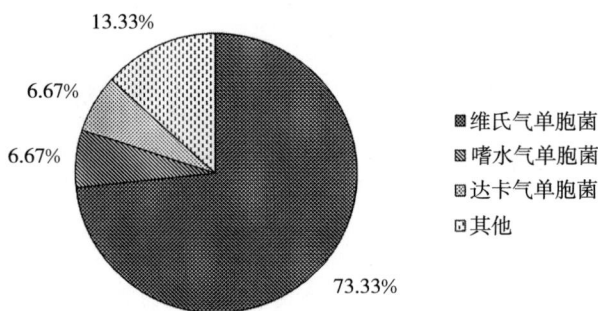

图 1　分离病原菌分类统计

2. 病原菌对不同抗菌药物的耐药性分析

(1) 气单胞菌耐药性总体情况　供试药物种类有恩诺沙星、氟苯尼考、盐酸多西环素、磺胺间甲氧嘧啶钠、磺胺甲噁唑/甲氧苄啶、硫酸新霉素、甲砜霉素和氟甲喹。气单胞菌对 8 种水产用抗菌药物的敏感性总体情况见表 1。总体上，北碚区鱼源气单胞菌对恩诺沙星、盐酸多西环素和硫酸新霉素的敏感性最高，敏感率均为 100%，对磺胺间甲氧嘧啶钠的敏感性最低，耐药率高达 72.41%。磺胺间甲氧嘧啶钠对气单胞菌的 MIC_{90} 为 $>1\ 024\mu g/mL$，远高于敏感折点。气单胞菌对氟苯尼考、甲砜霉素和磺胺甲噁唑/甲氧苄啶的敏感性处于较高水平，耐药率分别为 6.90%、6.90% 和 10.34%。三种药物对气单胞菌的 MIC_{90} 分别为 $2\mu g/mL$、$8\mu g/mL$ 和 $1/19\mu g/mL$。

此外，分离得到的 1 株弗氏柠檬酸杆菌对甲砜霉素、氟苯尼考和磺胺间甲氧嘧啶表现出耐药性。

表 1　气单胞菌耐药性监测总体情况（$n=29$）

供试药物	MIC_{50} ($\mu g/mL$)	MIC_{90} ($\mu g/mL$)	耐药率 (%)	中介率 (%)	敏感率 (%)	耐药性判定参考值 ($\mu g/mL$)		
						耐药折点	中介折点	敏感折点
恩诺沙星	0.06	0.25	0	0	100	≥4	1~2	≤0.5
氟苯尼考	0.5	2	6.90	0	93.10	≥8	4	≤2
盐酸多西环素	0.5	2	0	0	100	≥16	8	≤4
磺胺间甲氧嘧啶钠	1 024	>1 024	72.41	0	27.59	≥512	—	≤256
磺胺甲噁唑/甲氧苄啶	≤0.06/1.2	1/19	10.34	0	89.66	≥76/4	—	≤38/2
硫酸新霉素	1	2	0	0	100	≥16	8	≤4
甲砜霉素	2	8	6.90	0	93.10	≥16	—	≤8
氟甲喹	2	64	—	—	—			

(2) 气单胞菌对不同药物的敏感性　各抗菌药物对 29 株气单胞菌的 MIC 频数分布见表 2 至表 7。恩诺沙星对菌株的 MIC 分布为 8 株在 $0.015\mu g/mL$ 以下，其余菌株集中分布在 $0.06\sim0.5\mu g/mL$；盐酸多西环素对菌株的 MIC 分布在 $0.25\sim4\mu g/mL$；硫酸新霉素对菌株的 MIC 分布在 $0.5\sim4\mu g/mL$，主要集中分布在 $1\mu g/mL$ 和 $2\mu g/mL$；氟甲喹对菌株的 MIC 分布在三个区间，对 7 株菌的 MIC 分布在 $64\mu g/mL$ 以上，

对 14 株菌的 MIC 分布在 0.5~8μg/mL，对 8 株菌的 MIC 分布在 0.125μg/mL 以下；甲砜霉素对菌株的 MIC 分布为 1 株在 512μg/mL 以上，其余菌株分布在 1~32μg/mL，主要集中在 2μg/mL；氟苯尼考对菌株的 MIC 分布为 1 株在 64μg/mL，其余菌株分布在≤0.25~8μg/mL，主要集中在 0.5μg/mL；磺胺间甲氧嘧啶钠对 2 株菌的 MIC 值为 8μg/mL，其余 27 株菌分布在 64~≥1 024μg/mL；磺胺甲噁唑/甲氧苄啶对菌株的 MIC 也分布在三个区间，对 3 株菌的 MIC 分布在 608/32μg/mL 以上，25 株菌分布在≤1.2/0.06~2.4/0.12μg/mL，1 株菌的 MIC 为 19/1μg/mL。

表 2　恩诺沙星对气单胞菌的 MIC 频数分布（n＝29）

供试药物	不同药物浓度（μg/mL）下的菌株数（株）											
	≥32	≥16	8	4	2	1	0.5	0.25	0.125	0.06	0.03	≤0.015
恩诺沙星	0	0	0	0	0	2	7	6	6	0	8

表 3　盐酸多西环素对气单胞菌的 MIC 频数分布（n＝29）

供试药物	不同药物浓度（μg/mL）下的菌株数（株）											
	128	64	32	16	8	4	2	1	0.5	0.25	0.125	≤0.06
盐酸多西环素	0	0	0	0	0	5	3	7	8	6	0	0

表 4　硫酸新霉素、氟甲喹对气单胞菌的 MIC 频数分布（n＝29）

供试药物	不同药物浓度（μg/mL）下的菌株数（株）											
	≥256	128	64	32	16	8	4	2	1	0.5	0.25	≤0.125
硫酸新霉素	0	0	0	0	0	0	3	6	18	2	0	0
氟甲喹	2	1	4	0	0	1	4	5	3	1	0	8

表 5　甲砜霉素、氟苯尼考对气单胞菌的 MIC 频数分布（n＝29）

供试药物	不同药物浓度（μg/mL）下的菌株数（株）											
	≥512	256	128	64	32	16	8	4	2	1	0.5	≤0.25
甲砜霉素	1	0	0	0	1	0	1	4	19	3	0	0
氟苯尼考	0	0	0	1	0	0	1	0	2	3	16	6

表 6　磺胺间甲氧嘧啶钠对气单胞菌的 MIC 频数分布（n＝29）

供试药物	药物浓度（μg/mL）和菌株数（株）										
	≥1 024	512	256	128	64	32	16	8	4	2	≤1
磺胺间甲氧嘧啶钠	18	3	1	3	2	0	0	2	0	0	0

表 7　磺胺甲噁唑/甲氧苄啶对气单胞菌的 MIC 频数分布（n＝29）

供试药物	药物浓度（μg/mL）和菌株数（株）										
	≥1 216/ 64	≥608/ 32	304/ 16	152 /8	76/ 4	38/ 2	19/ 1	9.5/ 0.5	4.8/ 0.25	2.4/ 0.12	≤1.2/ 0.06
磺胺甲噁唑/甲氧苄啶	2	1	0	0	0	0	1	0	0	10	15

（3）弗氏柠檬酸杆菌对不同药物的敏感性 弗氏柠檬酸杆菌对8种水产用抗菌药物的MIC见表3。甲砜霉素、氟苯尼考和磺胺间甲氧嘧啶对该菌株的MIC较高，分别为521μg/mL、64μg/mL和1 024μg/mL以上。对恩诺沙星、硫酸新霉素、氟甲喹、盐酸多西环素和磺胺甲噁唑/甲氧苄啶该菌株的MIC水平较低，该菌株对这5种抗菌药物有较高的敏感性。

表8　草鱼源弗氏柠檬酸杆菌对不同抗菌药物的MIC

细菌编号	菌种鉴定	恩诺沙星	硫酸新霉素	氟甲喹	甲砜霉素	氟苯尼考	盐酸多西环素	磺胺间甲氧嘧啶钠	磺胺甲噁唑/甲氧苄啶
BB2023 001S2	弗氏柠檬酸杆菌	0.25	1	4	512	64	4	＞1 024	0.25/4.8

3. 耐药菌株来源地分析

对耐药菌株的进行来源地分析，结果表明对磺胺间甲氧嘧啶钠耐药的菌株未表现出来源地差异，四个采样点都存在耐药菌株。对氟苯尼考、甲砜霉素和磺胺甲噁唑/甲氧苄啶耐药的菌株表现出来源地差异，耐药菌株集中在天佑养殖场和贺吕养殖场（图2）。

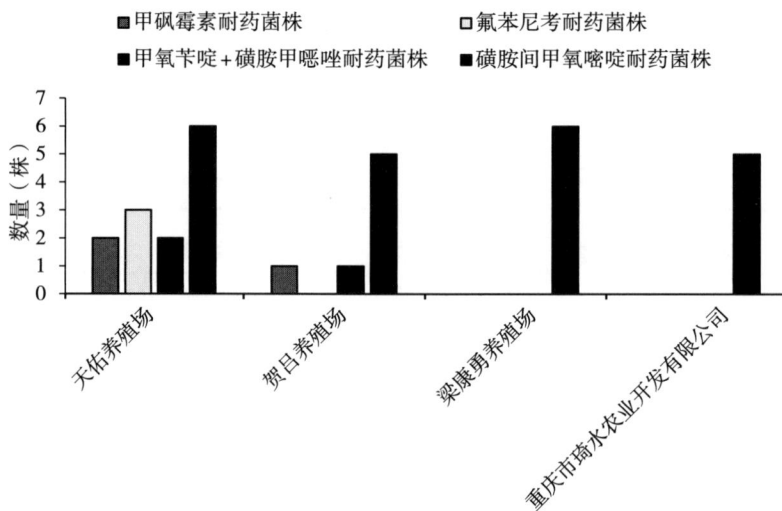

图2　耐药菌株来源分析

三、分析与建议

总体分析，重庆市北碚区2023年分离的气单胞菌对恩诺沙星、盐酸多西环素和硫酸新霉素比较敏感，3种抗菌药物可以作为养殖生产中治疗气单胞菌引起的疾病的首选药物。氟苯尼考、甲砜霉素对气单胞菌的MIC集中在低浓度区，但偶见耐药菌株，可根据实际情况，慎重选择此类抗菌药物。磺胺间甲氧嘧啶钠对分离的气单胞菌的MIC大多在1 024μg/mL以上，气单胞菌对此药物有较强的耐药性，不建议在养殖生产中使用该药物进行治疗。

　　不同地区、不同养殖条件下分离的致病菌对抗菌药物的敏感性也存在差异。对北碚区分离的气单胞菌耐药菌株分析结果表明，对氟苯尼考、甲砜霉素和磺胺甲噁唑/甲氧苄啶耐药的菌株集中在天佑养殖场和贺吕养殖场，而在其他两个养殖场并未检测到对该药物耐药的菌株。在选择抗菌药物时，需要根据养殖场的实际情况及鱼塘的用药史科学选择抗菌药物。

　　在养殖生产中应合理使用抗菌药物，超剂量或滥用抗菌药物会导致养殖水环境中的耐药菌株增多；加强用药前的药敏试验，根据药敏试验结果有针对性地选择敏感药物。只有用药敏试验结果来指导实际用药，才能做到药到病除，减少耐药菌株的产生，延长抗生素的有效使用周期；轮换交替用药可以有效减少耐药菌株的增多，取得较好的治疗效果。

　　以上数据仅限于北碚区 4 个采样点，不能完全代表北碚区的整体情况，需要更广泛地采集养殖区域样本，连续监测病原菌耐药性动态变化情况，才能提出更加科学的用药建议。

2023 年长寿区水产养殖动物主要病原菌耐药性监测分析报告

田盛君　胡　伟　靳　涛　王元龙　袁　伟

（重庆市长寿区水产技术推广站）

近年来随着水产养殖技术水平的不断提档升级，高密度集约化养殖已成为现代高效渔业的标志，为进一步了解、掌握长寿区水产养殖主要病原菌对渔用抗菌药物的耐药性情况及其变化规律，指导科学使用渔用抗菌药物，提高细菌性病害防控成效，推动渔业绿色高质量发展，笔者重点从大口黑鲈和黄颡鱼中分离得到类志贺邻单胞菌、溶藻气单胞菌、弗氏柠檬酸杆菌等 9 种病原菌，并测定其对恩诺沙星、新霉素和甲砜霉素等 8 种常用水产用抗菌药物的敏感性，具体结果如下。

一、材料与方法

1. 样品采集

本研究共分离收集 25 株菌，为 4—10 月在长寿的重庆市大洪湖水产有限公司玉滩基地和重庆市长寿区浩湖渔业股份有限公司余家沟基地采集所得，采集的水产养殖品种分别为大口黑鲈和黄颡鱼。

2. 病原菌分离筛选

无病症时将鱼解剖后，取其肝脏、肾脏和脾脏三种组织样本；有病症时取病灶部位、肝脏、肾脏和脾脏四种组织样本。将样品的组织样本划线接种于血平板，28℃培育 24h，挑取具有 β 溶血圈的单菌落接种至 BHI 液体培养基中 28℃培育 24h。

3. 病原菌鉴定与保存

通过核酸提取试剂盒提取纯化细菌的核酸，使用细菌通用引物扩增其 16S rDNA，测序比对，确定属种。纯化后的细菌菌液以 1：1 的比例和无菌 50％甘油混合保种，于－80℃冰箱保存。

二、药敏测试结果

1. 病原菌分离鉴定总体情况

共分离病原菌 25 株，其中类志贺邻单胞菌 11 株、维氏气单胞菌 5 株、弗氏柠檬酸杆菌 2 株、布氏柠檬酸杆菌 2 株、溶藻气单胞菌 1 株、嗜麦芽窄食单胞菌 1 株、温和气单胞菌 1 株、爱德华氏菌 1 株、迟缓爱德华氏菌 1 株。类志贺邻单胞菌占分离致病菌总数的 44％（图 1），表明长寿区大口黑鲈和黄颡鱼的致病菌主要为类志贺邻单胞菌，其次为维氏气单胞菌。

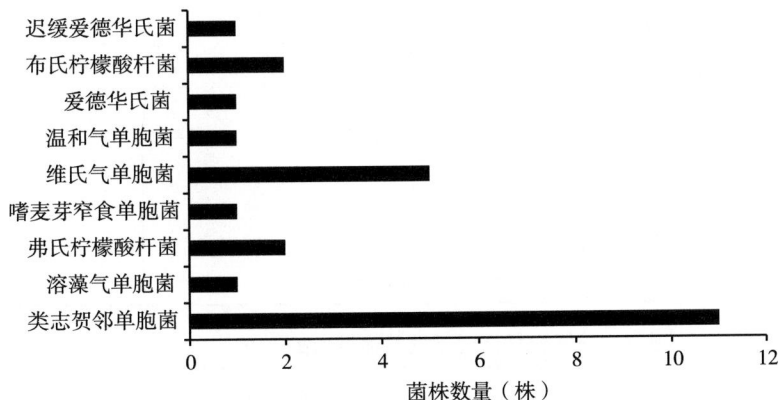

图 1 分离病原菌分类统计

2. 病原菌对不同抗菌药物的耐药性分析

供试药物种类有恩诺沙星、氟苯尼考、盐酸多西环素、磺胺间甲氧嘧啶钠、磺胺甲噁唑/甲氧苄啶、硫酸新霉素、甲砜霉素和氟甲喹。类志贺邻单胞菌对 8 种水产用抗菌药物的敏感性总体情况见表 1。另外还分离出了少量的气单胞菌、柠檬酸杆菌、嗜麦芽窄食单胞菌和爱德华氏菌，测得的 MIC 值分别见表 2 至表 5。从表 1 可以看出，类志贺邻单胞菌对恩诺沙星的耐药率高，且中介率也在一个较高的水平；对氟苯尼考、磺胺间甲氧嘧啶钠和磺胺甲噁唑/甲氧苄啶的耐药率也都在 45.5% 及以上。类志贺邻单胞菌对盐酸多西环素的敏感率高达 90.9%，由类志贺邻单胞菌引起的疾病最好使用盐酸多西环素。

表 1 类志贺邻单胞菌耐药性监测总体情况表 （$n=11$）

供试药物	MIC$_{50}$ （$\mu g/mL$）	MIC$_{90}$ （$\mu g/mL$）	耐药率（%）	中介率（%）	敏感率（%）
恩诺沙星	0.25	>32	18.2	18.2	63.6
氟苯尼考	1	64	45.5	0.0	54.5
盐酸多西环素	1	4	9.1	0.0	90.9
磺胺间甲氧嘧啶钠	>1 024	>1 024	72.7	0.0	27.3
磺胺甲噁唑/甲氧苄啶	0.25/4.8	>64/1 216	45.5	0.0	54.5
硫酸新霉素	2	4	—	—	—
甲砜霉素	32	>512	—	—	—
氟甲喹	32	>256	—	—	—

表 2 气单胞菌对不同抗菌药物的 MIC （$\mu g/mL$）

供试药物	恩诺沙星	氟苯尼考	盐酸多西环素	磺胺间甲氧嘧啶钠	磺胺甲噁唑/甲氧苄啶	硫酸新霉素	甲砜霉素	氟甲喹
CS2023002S	≤0.06	0.5	4	>1 024	0.125/2.4	1	2	1

（续）

供试药物	恩诺沙星	氟苯尼考	盐酸多西环素	磺胺间甲氧嘧啶钠	磺胺甲噁唑/甲氧苄啶	硫酸新霉素	甲砜霉素	氟甲喹
CS2023006P	0.06	≤0.25	0.5	64	≤0.06/1.2	0.5	2	2
CS2023011G	0.125	0.5	0.25	1 024	0.125/2.4	1	2	1
CS2023011P	0.125	0.5	0.25	256	≤0.06/1.2	2	2	0.5
CS2023015G	4	128	2	>1 024	0.5/9.5	2	>512	64
CS2023013S	0.06	≤0.25	0.25	32	≤0.06/1.2	1	2	2
CS2023014S	4	32	2	>1 024	0.25/4.8	1	>512	64

表3　柠檬酸杆菌对不同抗菌药物的 MIC（μg/mL）

供试药物	恩诺沙星	氟苯尼考	盐酸多西环素	磺胺间甲氧嘧啶钠	磺胺甲噁唑/甲氧苄啶	硫酸新霉素	甲砜霉素	氟甲喹
CS2023003P	>32	>512	>128	>1 024	>64/1 216	0.5	>512	>259
LD2022036sai2	0.5	0.5	0.5	>1 024	≤0.06/1.2	0.5	4	>256
LD2022037P2	0.5	0.5	0.5	64	0.125/2.4	1	2	128
LD2022037S1	0.25	16	4	64	≤0.06/1.2	0.5	128	8

表4　嗜麦芽窄食单胞菌对不同抗菌药物的 MIC（μg/mL）

供试药物	恩诺沙星	氟苯尼考	盐酸多西环素	磺胺间甲氧嘧啶钠	磺胺甲噁唑/甲氧苄啶	硫酸新霉素	甲砜霉素	氟甲喹
CS2023006G	0.125	2	0.125	>1 024	≤0.06/1.2	≤0.125	16	4

表5　爱德华氏菌对不同抗菌药物的 MIC（μg/mL）

供试药物	恩诺沙星	氟苯尼考	盐酸多西环素	磺胺间甲氧嘧啶钠	磺胺甲噁唑/甲氧苄啶	硫酸新霉素	甲砜霉素	氟甲喹
LD2022035P3	0.03	≤0.25	0.25	128	≤0.06/1.2	1	1	1
LD2022037G2	0.5	0.5	0.5	>1 024	≤0.06/1.2	1	1	256

　　测得恩诺沙星对 11 株类志贺邻单胞菌耐药 2 株、敏感 9 株，具体见表 6。测得盐酸多西环素对 11 株类志贺邻单胞菌耐药 1 株、敏感 10 株，具体见表 7。测得硫酸新霉素对 11 株类志贺邻单胞菌中介 1 株、敏感 10 株，具体见表 8。测得甲砜霉素对 11 株类志贺邻单胞菌耐药 7 株、敏感 4 株；氟苯尼考对 11 株类志贺邻单胞菌耐药 5 株、敏感 6 株；具体见表 9。测得磺胺间甲氧嘧啶钠对 11 株类志贺邻单胞菌耐药 8 株、敏感 3 株，具体见表 10。测得磺胺甲噁唑/甲氧苄啶对 11 株类志贺邻单胞菌耐药 5 株、敏感 6 株，具体见表 11。

表6　恩诺沙星对类志贺邻单胞菌的 MIC 频数分布（n＝11）

供试药物	不同药物浓度（μg/mL）下的菌株数（株）											
	≥32	≥16	8	4	2	1	0.5	0.25	0.125	0.06	0.03	≤0.015
恩诺沙星	2	0	0	0	0	0	2	7	0	0	0	0

表 7　盐酸多西环素对类志贺邻单胞菌的 MIC 频数分布（n＝11）

供试药物	不同药物浓度（μg/mL）下的菌株数（株）											
	128	64	32	16	8	4	2	1	0.5	0.25	0.125	≤0.06
盐酸多西环素	0	0	1	0	0	1	2	3	0	4	0	0

表 8　硫酸新霉素、氟甲喹对类志贺邻单胞菌的 MIC 频数分布（n＝11）

供试药物	不同药物浓度（μg/mL）下的菌株数（株）											
	≥256	128	64	32	16	8	4	2	1	0.5	0.25	≤0.125
硫酸新霉素	0	0	0	0	0	1	1	4	5	0	0	0
氟甲喹	3	1	1	1	1	1	3	0	0	0	0	0

表 9　甲砜霉素、氟苯尼考对类志贺邻单胞菌的 MIC 频数分布（n＝11）

供试药物	不同药物浓度（μg/mL）下的菌株数（株）											
	≥512	256	128	64	32	16	8	4	2	1	0.5	≤0.25
甲砜霉素	5	0	0	0	1	1	1	0	2	1	0	0
氟苯尼考	0	0	1	3	1	0	0	0	0	2	2	2

表 10　磺胺间甲氧嘧啶钠对类志贺邻单胞菌的 MIC 频数分布（n＝11）

供试药物	药物浓度（μg/mL）和菌株数（株）										
	≥1 024	512	256	128	64	32	16	8	4	2	≤1
磺胺间甲氧嘧啶钠	8	0	1	1	0	0	1	0	0	0	0

表 11　磺胺甲噁唑/甲氧苄啶对类志贺邻单胞菌的 MIC 频数分布（n＝11）

供试药物	药物浓度（μg/mL）和菌株数（株）										
	≥1 216/64	≥608/32	304/16	152/8	76/4	38/2	19/1	9.5/0.5	4.8/0.25	2.4/0.12	≤1.2/0.06
磺胺甲噁唑/甲氧苄啶	4	0	0	0	1	0	0	0	1	1	4

三、分析与建议

从本次水产养殖动物病原菌耐药性普查结果来看，重庆市长寿区 2023 年分离的类志贺邻单胞菌对恩诺沙星、硫酸新霉素和盐酸多西环素比较敏感，且 MIC 集中在低浓度区，3 种抗菌药物可以作为养殖生产中治疗类志贺邻单胞菌引起的疾病的首选药物。甲砜霉素、氟苯尼考、磺胺间甲氧嘧啶钠和磺胺甲噁唑/甲氧苄啶对类志贺邻单胞菌的耐药率高，且多数菌株的 MIC 集中在高浓度区，尤其是磺胺间甲氧嘧啶钠对分离的类志贺邻单胞菌的 MIC 大多在 1 024μg/mL 以上，类志贺邻单胞菌对此类药物有较强的耐药性，不建议在养殖生产中继续使用该药物进行治疗。

在养殖生产中应合理使用抗菌药物，一味追求快速高效治疗渔业病害致使超剂量或滥用抗菌药物势必会导致养殖水环境中的耐药菌株增多。为有效避免水产养殖动物病原耐药性异常增加，一是做好本地区水产养殖动物病原菌耐药性普查，根据普查结果，有针对性地指导养殖生产用药，真正做到药到病除，减少耐药菌株的产生，延长抗菌药物的有效使用周期；二是交替使用不同抗菌药物可以有效减少耐药菌株的增多，且能在养殖生产中取得更好的治疗效果。

2023年合川区水产养殖动物主要病原菌耐药性监测分析报告

蒙　涛　闫胜华　吕　浩　江　瑞

（重庆市合川区水产技术推广站）

为了解、掌握水产养殖主要病原菌对渔用抗菌药物的耐药性情况及其变化规律，指导科学使用渔用抗菌药物，提高细菌性病害防控成效，推动渔业绿色高质量发展，合川区重点从鲫、草鱼、鲤、大口鲇中分离得到维氏气单胞菌、嗜水气单胞菌、弗氏柠檬酸杆菌、迟缓爱德华氏菌、类志贺邻单胞菌等病原菌，并测定其对8种水产用抗菌药物的敏感性，具体结果如下。

一、材料与方法

1. 样品采集

合川区设置3个固定采样点，分别是合川区官渡镇梭子村重庆淼林水产养殖有限公司、合川区云门街道冠山村杨记生态农业发展有限公司、合川区南街街道临渡村重庆驰辰生态农业有限公司。2023年5—10月分别从各水产养殖基地采集发病或健康的水产养殖动物，主要为淡水品种的鲫、草鱼、鲤、大口鲇。每份样品单独用无菌密封袋密封，低温保存，快速运回实验室进行细菌分离。

2. 病原菌分离筛选

无病症时将鱼解剖后，取其肝脏、脾脏、肾脏和鳃4种组织样本；有病症时取病灶部位和肝脏、脾脏、肾脏、鳃。将样品的组织样本划线接种于血平板，28℃培育24h，挑取具有β溶血圈的单菌落接种至BHI液体培养基中28℃培养24h。

3. 病原菌鉴定及保存

通过核酸提取试剂盒提取纯化细菌的核酸，使用细菌通过引物扩增其16S rDNA，测序比对，确定种属。纯化后的细菌菌液以1：1的比例和无菌50%甘油混合保种，于-80℃冰箱保存。

二、药敏测试结果

1. 病原菌分离鉴定总体情况

如图1所示，2023年5—10月在重庆市合川区各水产养殖场收集样品总共分离得到病原菌30株，其中维氏气单胞菌23株，弗氏柠檬酸杆菌2株，气单胞菌属1株，嗜水气单胞菌2株，类志贺邻单胞菌1株，迟缓爱德华氏菌1株，其中维氏气单胞菌占分离致病菌总数的 77%（图 1），表明合川区养殖水环境中优势病原菌为维氏气单胞菌。

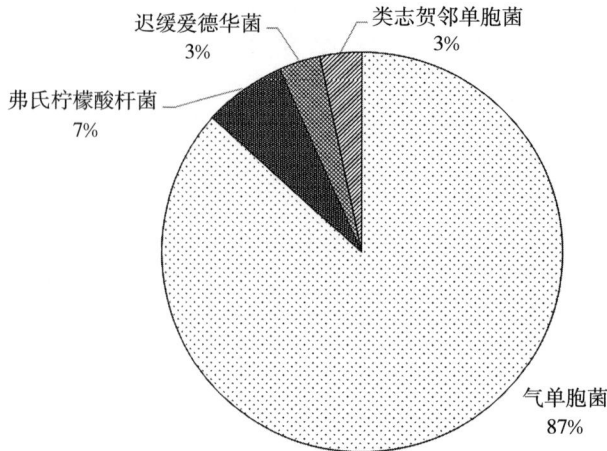

图 1　重庆市合川区病原菌分离鉴定情况

2. 病原菌对不同抗菌药物的耐药性分析

（1）气单胞菌耐药性总体情况　供试药物种类有恩诺沙星、氟苯尼考、盐酸多西环素、磺胺间甲氧嘧啶钠、磺胺甲噁唑/甲氧苄啶、硫酸新霉素、甲砜霉素和氟甲喹。气单胞菌对 8 种水产用抗菌药物的敏感性总体情况见表 1。总体上，合川区鱼源气单胞菌对氟苯尼考、磺胺甲噁唑/甲氧苄啶和硫酸新霉素的敏感性最高，敏感率均为 100%，对磺胺间甲氧嘧啶钠的敏感性最低，耐药率高达 57.7%。磺胺间甲氧嘧啶钠对气单胞菌的 MIC_{90} 为 $>1\,024\mu g/mL$，远高于敏感折点。气单胞菌对盐酸多西环素、甲砜霉素的敏感性处于较高水平，耐药率分别为 3.8%、11.5%。两种药物对气单胞菌的 MIC_{90} 均为 $4\mu g/mL$。

此外，分离得到的 1 株弗氏柠檬酸杆菌对甲砜霉素、氟苯尼考、盐酸多西环素、磺胺间甲氧嘧啶和磺胺甲噁唑/甲氧苄啶表现出耐药性。

表 1　气单胞菌耐药性监测总体情况表（$n=26$）

供试药物	MIC_{50} ($\mu g/mL$)	MIC_{90} ($\mu g/mL$)	耐药率 (%)	中介率 (%)	敏感率 (%)	耐药性判定参考值（$\mu g/mL$）		
						耐药折点	中介折点	敏感折点
恩诺沙星	0.125	0.5	0	3.8	96.2	≥4	1~2	≤0.5
氟苯尼考	0.5	8	0	0	100	≥8	4	≤2
盐酸多西环素	0.5	4	3.8	3.8	92.4	≥16	8	≤4
磺胺间甲氧嘧啶钠	1 024	>1 024	57.7	0	42.3	≥512	—	≤256
磺胺甲噁唑/甲氧苄啶	≤0.06/1.2	0.125/2.4	0	0	100	≥76/4	—	≤38/2
硫酸新霉素	1	2	0	0	100	≥16	8	≤4
甲砜霉素	2	4	11.5	0	88.5	≥16	—	≤8
氟甲喹	2	128	—	—	—	—	—	—

（2）气单胞菌对不同药物的敏感性　各抗菌药物对 26 株气单胞菌的 MIC 频数分

布见表 2 至表 7。恩诺沙星对菌株的 MIC 分布为 2 株在 0.015μg/mL 以下，其余菌株集中分布在 0.03～2μg/mL；盐酸多西环素对菌株的 MIC 分布在 0.25～128μg/mL，主要集中分布在 0.25～1μg/mL；硫酸新霉素对菌株的 MIC 分布在 0.5～4μg/mL；氟甲喹对菌株的 MIC 分布在三个区间，对 7 株菌的 MIC 分布在 64μg/mL 及以上，对 17 株菌的 MIC 分布在 0.5～4μg/mL，对 2 株菌的 MIC 分布在 0.125μg/mL 以下；甲砜霉素对菌株的 MIC 分布为 3 株在 512μg/mL 以上，其余菌株分布在 1～64μg/mL，主要集中在 2μg/mL；氟苯尼考对菌株的 MIC 分布为 1 株在 512μg/mL 以上，3 株在 0.25μg/mL 以下，其余菌株分布在 ≤0.5～64μg/mL，主要集中在 0.5μg/mL；磺胺间甲氧嘧啶钠对 12 株菌分布在 1 024μg/mL 以上，其余株菌分布在 8～256μg/mL。磺胺甲噁唑/甲氧苄啶对菌株的 MIC 分布在三个区间，对 1 株菌的 MIC 分布在 1 216/64μg/mL 以上，20 株菌分布在 1.2/0.06μg/mL 以下，对 5 株菌的 MIC 为 2.4/0.12～38/2μg/mL。

表 2　恩诺沙星对气单胞菌的 MIC 频数分布 （n＝26）

供试药物	不同药物浓度 （μg/mL） 下的菌株数（株）											
	≥32	≥16	8	4	2	1	0.5	0.25	0.125	0.06	0.03	≤0.015
恩诺沙星	0	0	0	0	1	1	4	2	12	3	1	2

表 3　盐酸多西环素对气单胞菌的 MIC 频数分布 （n＝26）

供试药物	不同药物浓度 （μg/mL） 下的菌株数（株）											
	128	64	32	16	8	4	2	1	0.5	0.25	0.125	≤0.06
盐酸多西环素	1	0	0	1	1	3	2	6	5	7	0	0

表 4　硫酸新霉素、氟甲喹对气单胞菌的 MIC 频数分布 （n＝26）

供试药物	不同药物浓度 （μg/mL） 下的菌株数（株）											
	≥256	128	64	32	16	8	4	2	1	0.5	0.25	≤0.125
硫酸新霉素	0	0	0	0	0	0	5	2	13	6	0	0
氟甲喹	1	4	2	0	0	0	5	7	4	1	0	2

表 5　甲砜霉素、氟苯尼考对气单胞菌的 MIC 频数分布 （n＝26）

供试药物	不同药物浓度 （μg/mL） 下的菌株数（株）											
	≥512	256	128	64	32	16	8	4	2	1	0.5	≤0.25
甲砜霉素	3	0	0	1	0	0	1	0	18	3	0	0
氟苯尼考	1	0	0	2	0	0	1	0	0	1	18	3

表 6　磺胺间甲氧嘧啶钠对气单胞菌的 MIC 频数分布 （n＝26）

供试药物	不同药物浓度 （μg/mL） 下的菌株数（株）										
	≥1 024	512	256	128	64	32	16	8	4	2	≤1
磺胺间甲氧嘧啶钠	12	0	1	3	3	3	2	2	0	0	0

表7　磺胺甲噁唑/甲氧苄啶对气单胞菌的 MIC 频数分布（n＝26）

供试药物	药物浓度（μg/mL）和菌株数（株）										
	≥1 216/64	≥608/32	304/16	152/8	76/4	38/2	19/1	9.5/0.5	4.8/0.25	2.4/0.12	≤1.2/0.06
磺胺甲噁唑/甲氧苄啶	1	0	0	0	0	2	0	0	0	3	20

（3）弗氏柠檬酸杆菌对不同药物的敏感性　8种水产用抗菌药物对弗氏柠檬酸杆菌的 MIC 见表8。几种药物对两菌株的 MIC 实验值相差较大，恩诺沙星、硫酸新霉素、磺胺甲噁唑/甲氧苄啶对该菌株的 MIC 水平较低，表明弗氏柠檬酸杆菌对这3种抗菌药物有较高的敏感性。

表8　不同抗菌药物对弗氏柠檬酸杆菌的 MIC

细菌编号	菌种鉴定	恩诺沙星	硫酸新霉素	氟甲喹	甲砜霉素	氟苯尼考	盐酸多西环素	磺胺间甲氧嘧啶钠	磺胺甲噁唑/甲氧苄啶
HC2023011P	弗氏柠檬酸杆菌	2	0.5	128	＞512	＞512	＞128	＞1 024	＞64/1 216
HC2023015sai2	弗氏柠檬酸杆菌	0.125	1	4	2	0.5	2	64	≤0.06/1.2

（4）迟缓爱德华氏菌对不同药物的敏感性　迟缓爱德华氏菌对8种水产用抗菌药物的 MIC 见表9。甲砜霉素和磺胺间甲氧嘧啶对该菌株的 MIC 较高，分别为8μg/mL 和128μg/mL。恩诺沙星、硫酸新霉素、氟甲喹、盐酸多西环素和磺胺甲噁唑/甲氧苄啶对该菌株的 MIC 水平较低，该菌株对这5种抗菌药物有较高的敏感性。

表9　不同抗菌药物对迟缓爱德华氏菌的 MIC

细菌编号	菌种鉴定	恩诺沙星	硫酸新霉素	氟甲喹	甲砜霉素	氟苯尼考	盐酸多西环素	磺胺间甲氧嘧啶钠	磺胺甲噁唑/甲氧苄啶
HC2023026P	迟缓爱德华氏菌	0.25	1	4	8	≤0.25	0.5	128	2/38

（5）类志贺邻单胞菌对不同药物的敏感性　类志贺邻单胞菌对8种水产用抗菌药物的 MIC 见表10。磺胺间甲氧嘧啶对该菌株的 MIC 较高，达到128μg/mL。恩诺沙星、硫酸新霉素、氟甲喹、甲砜霉素、盐酸多西环素和磺胺甲噁唑/甲氧苄啶该菌株的 MIC 水平较低，均在128μg/mL 以下，该菌株对这5种抗菌药物有较高的敏感性。

表 10　不同抗菌药物对类志贺邻单胞菌的 MIC

细菌编号	菌种鉴定	恩诺沙星	硫酸新霉素	氟甲喹	甲砜霉素	氟苯尼考	盐酸多西环素	磺胺间甲氧嘧啶钠	磺胺甲噁唑/甲氧苄啶
HC2023029s	类志贺邻单胞菌	0.5	4	4	2	≤0.25	4	128	≤0.06/1.2

3. 耐药菌株来源地分析

对耐药菌株进行来源地分析，三个采样点都存在耐药菌株。对氟苯尼考、磺胺甲噁唑/甲氧苄啶耐药的菌株在三家均出现，磺胺甲噁唑/甲氧苄啶耐药菌株出现最多，为16 株，其余均在 4 株以下，其中杨记生态农业发展有限公司耐药菌株出现最为集中。

三、讨论与分析

本试验结果表明，26 株菌株对恩诺沙星、氟苯尼考、盐酸多西环素、磺胺甲噁唑/甲氧苄啶、硫酸新霉素的敏感率高，达 90％以上，其中对磺胺甲噁唑/甲氧苄啶、硫酸新霉素、氟苯尼考敏感率最高，达100％，5 种抗菌药物可以作为养殖生产中治疗气单胞菌引起的疾病的首选药物。甲砜霉素对气单胞菌的 MIC 集中在低浓度区，但偶见耐药菌株，可根据实际情况，慎重选择此类抗菌药物。磺胺间甲氧嘧啶钠的敏感率为42.3％，耐药率高达 57.7％，对分离的气单胞菌的 MIC 大多在 1 024μg/mL 以上，气单胞菌对此药物有较强的耐药性，不建议在养殖生产中使用该药物进行治疗。总体实验表明，病原菌耐药具有复杂性，水产养殖中采用单一给药方案，难以获得较好结果。

不同地区、不同养殖条件下分离的致病菌对抗菌药物的敏感性也存在差异。合川区分离的气单胞菌耐药菌株来源分析结果表明，对氟苯尼考、甲砜霉素、多西环素和磺胺甲噁唑/甲氧苄啶耐药的菌株集中在杨记生态农业发展有限公司和森林水产养殖有限公司，而在驰辰生态农业有限公司并未检测到对该药物耐药的菌株。在选择抗菌药物时，需要根据养殖场的实际情况及鱼塘的用药史科学选择抗菌药物。

四、建议措施

在养殖生产中应合理使用抗菌药物，超剂量或滥用抗菌药物会导致养殖水环境中的耐药菌株增多；加强用药前的药敏试验，根据药敏试验结果，有针对性地选择敏感药物。只有用药敏试验结果来指导实际用药，才能做到药到病除，减少耐药菌株的产生，延长抗生素的有效使用周期；轮换交替用药可以有效减少耐药菌株的增多，能取得较好的治疗效果。

以上数据仅限于合川区 3 个采样点，不能完全代表合川区的整体情况，需要更广泛地采集养殖区域样本，连续监测病原菌耐药性动态变化情况，才能提出更加科学的用药建议。

2023 年永川区水产养殖动物主要病原菌耐药性监测分析报告

邓寻腾　陈文燕　郑　鸿　陈　菊

（重庆市永川区畜牧渔业中心）

为了解、掌握水产养殖主要病原菌对渔用抗菌药物的耐药性情况及其变化规律，指导科学使用渔用抗菌药物，提高细菌性病害防控成效，推动渔业绿色高质量发展，永川区重点从草鱼、鲫等养殖品种中分离得到维氏气单胞菌、简氏气单胞菌、嗜水气单胞菌等病原菌，并测定其对 8 种水产用抗菌药物的敏感性，具体结果如下。

一、材料与方法

1. 样品采集

在永川区设置 4 个固定采样点，2023 年 4—10 月每月采样一次，主要采样品种为草鱼和鲫。对于健康无症状的鱼，重点从鳃、脾脏、肝脏和肾脏分离细菌；对于已发病且出现明显病症的鱼，重点从病灶处分离细菌；对于濒死的鱼，重点从体表、内脏和腹水中分离细菌。

2. 病原菌分离筛选

无病症时将鱼解剖后，取其肝脏、脾脏、肾脏和鳃 4 种组织样本；有病症时取病灶部位和肝脏、脾脏、肾脏、鳃。将样品的组织样本划线接种于血平板，28℃培育 24h，挑取具有 β 溶血圈的单菌落接种至 BHI 液体培养基中 28℃培养 24h。

3. 病原菌鉴定及保存

通过核酸提取试剂盒提取纯化细菌的核酸，使用细菌通用引物扩增其 16S rDNA，测序比对，确定属种。纯化后的细菌菌液以 1∶1 的比例和无菌 50% 甘油混合保种，于 −80℃ 冰箱保存。

二、药敏测试结果

1. 病原菌分离鉴定总体情况

永川区 2023 年共分离鉴定出 28 株病原菌，其中分离鉴定出类志贺邻单胞菌 1 株、柠檬酸杆菌 1 株、气单胞菌 26 株。气单胞菌中维氏气单胞菌 21 株，占分离致病菌总数的 75%，表明永川区养殖水环境中优势病原菌为维氏气单胞菌。

2. 病原菌对不同抗菌药物的耐药性分析

（1）耐药性总体情况　供试药物种类有恩诺沙星、硫酸新霉素、甲砜霉素、氟苯尼考、盐酸多西环素、氟甲喹、磺胺间甲氧嘧啶钠、磺胺甲噁唑/甲氧苄啶。永川区2023年病原菌对8种水产用抗菌药物的耐药性监测总体情况见表1。总体上，永川区病原菌对盐酸多西环素的敏感性最高，敏感率为96%，对磺胺间甲氧嘧啶钠的耐药性最高，耐药率达82%。磺胺间甲氧嘧啶钠对病原菌的 MIC_{90} 为＞1 024μg/mL，远高于敏感折点。氟苯尼考、磺胺甲噁唑/甲氧苄啶、甲砜霉素的耐药率为7%，这三种药物对病原菌的 MIC_{90} 分别为 1μg/mL、0.125/2.4μg/mL 和 8μg/mL。

表 1　永川区病原菌耐药性监测总体情况表 （$n=28$）

供试药物	MIC_{50} (μg/mL)	MIC_{90} (μg/mL)	耐药率 (%)	中介率 (%)	敏感率 (%)	耐药性判定参考值 (μg/mL)		
						耐药折点	中介折点	敏感折点
恩诺沙星	0.125	4	11	0	89	≥4	1～2	≤0.5
氟苯尼考	0.5	1	7	0	93	≥8	4	≤2
盐酸多西环素	0.25	2	4	0	96	≥16	8	≤4
磺胺间甲氧嘧啶钠	1 024	＞1 024	82	0	18	≥512	—	≤256
磺胺甲噁唑/甲氧苄啶	0.06/1.2	0.125/2.4	7	0	93	≥76/4	—	≤38/2
硫酸新霉素	1	8	7	4	89	≥16	8	≤4
甲砜霉素	2	8	7	0	93	≥16	—	≤8
氟甲喹	1	256	—	—	—	—	—	—

注：“—”表示无折点；耐药性判定参考值只适用于气单胞菌、弧菌、假单胞菌、爱德华氏菌等革兰氏阴性菌，其他细菌可只统计 MIC_{50} 和 MIC_{90}。

（2）永川区病原菌对不同药物的敏感性　各抗菌药物对28株病原菌的MIC频数分布见表2至表7。恩诺沙星对菌株的MIC分布为6株在0.015μg/mL以下，19株集中分布在0.03～0.5μg/mL，3株在4μg/mL；盐酸多西环素对菌株的MIC分布主要在0.125～4μg/mL；硫酸新霉素对菌株的MIC分布在0.5～16μg/mL，主要集中分布在1μg/mL和2μg/mL；氟甲喹对菌株的MIC分布在不同养殖场差异较大，对9株菌的MIC分布在32μg/mL及以上，对1株菌的MIC为8μg/mL，对18株菌的MIC分布在2μg/mL及以下；甲砜霉素对菌株的MIC分布在256μg/mL、64μg/mL、8μg/mL、4μg/mL各1株，其余24株菌株全部分布在1～2μg/mL；氟苯尼考对菌株的MIC分布为1株在32μg/mL，1株在16μg/mL，其余菌株分布在≤1μg/mL；磺胺间甲氧嘧啶钠对22株菌的MIC值≥1 024μg/mL。磺胺甲噁唑/甲氧苄啶对2株菌的MIC≥64/1 216μg/mL，26株菌分布在≤0.12/2.4μg/mL。

表 2　恩诺沙星对病原菌的 MIC 频数分布 （$n=28$）

供试药物	不同药物浓度 (μg/mL) 下的菌株数（株）											
	≥32	≥16	8	4	2	1	0.5	0.25	0.125	0.06	0.03	≤0.015
恩诺沙星	0	0	0	3	0	0	4	3	5	5	2	6

表3　盐酸多西环素对病原菌的MIC频数分布（n＝28）

供试药物	不同药物浓度（μg/mL）下的菌株数（株）											
	128	64	32	16	8	4	2	1	0.5	0.25	0.125	≤0.06
盐酸多西环素	0	0	1	0	0	1	3	1	4	17	1	0

表4　硫酸新霉素、氟甲喹对病原菌的MIC频数分布（n＝28）

供试药物	不同药物浓度（μg/mL）下的菌株数（株）											
	≥256	128	64	32	16	8	4	2	1	0.5	0.25	≤0.125
硫酸新霉素	0	0	0	0	2	1	3	8	12	2	0	0
氟甲喹	3	1	3	2	0	1	0	4	7	1	1	5

表5　甲砜霉素、氟苯尼考对病原菌的MIC频数分布（n＝28）

供试药物	不同药物浓度（μg/mL）下的菌株数（株）											
	≥512	256	128	64	32	16	8	4	2	1	0.5	≤0.25
甲砜霉素	0	1	0	1	0	0	1	1	12	12	0	0
氟苯尼考	0	0	0	0	1	1	0	0	0	2	16	8

表6　磺胺间甲氧嘧啶钠对病原菌的MIC频数分布（n＝28）

供试药物	不同药物浓度（μg/mL）下的菌株数（株）										
	≥1 024	512	256	128	64	32	16	8	4	2	≤1
磺胺间甲氧嘧啶钠	22	1	1	0	0	0	2	0	2	0	0

表7　甲氧苄啶/磺胺甲噁唑对病原菌的MIC频数分布（n＝28）

供试药物	药物浓度（μg/mL）和菌株数（株）										
	≥1 216/64	≥608/32	304/16	152/8	76/4	38/2	19/1	9.5/0.5	4.8/0.25	2.4/0.12	≤1.2/0.06
甲氧苄啶/磺胺甲噁唑	2	0	0	0	0	0	0	0	0	3	23

三、分析与建议

重庆市永川区2023年分离的病原菌对盐酸多西环素比较敏感，可以作为养殖生产中治疗气单胞菌引起的疾病的首选药物。氟苯尼考、磺胺甲噁唑/甲氧苄啶、甲砜霉素对气单胞菌的MIC集中在低浓度区，但偶见耐药菌株，可根据实际情况选择此类抗菌药物。磺胺间甲氧嘧啶钠对分离的气单胞菌的MIC大多在1 024μg/mL以上，气单胞菌对此药物有较强的耐药性，不建议在养殖生产中使用该药物进行治疗。

在养殖生产中应合理使用抗菌药物，超剂量或滥用抗菌药物会导致养殖水环境中的耐药菌株增多；加强用药前的药敏试验，根据药敏试验结果有针对性地选择敏感药物。只有用药敏试验结果来指导实际用药，才能做到药到病除，减少耐药菌株的产生，延长抗生素的有效使用周期；轮换交替用药可以有效减少耐药菌株的增多，能取得较好的治疗效果。

本年数据仅限于永川区 4 个采样点，不能完全代表全区的整体情况，需要更广泛地采集养殖区域样本，全面了解病原菌耐药性现状，才能提出更加科学的用药建议。

2023年大足区水产养殖动物主要病原菌耐药性监测分析报告

刘　军　粟泽胜　曾　勇　曾　进

（重庆市大足区农业农村委员会）

为了解、掌握水产养殖主要病原菌对渔用抗菌药物的耐药性情况及其变化规律，指导科学使用渔用抗菌药物，提高细菌性病害防控成效，推动渔业绿色高质量发展，大足地区重点从草鱼、鲫、鲤等养殖品种中分离得到维氏气单胞菌、嗜水气单胞菌、简氏气单胞菌、水稻栖息地假单胞菌、嗜麦芽窄食单胞菌、类志贺邻单胞菌、弗氏柠檬酸杆菌株等病原菌，并对这些病原菌进行8种水产用抗菌药物的敏感性测定实验，具体结果如下。

一、材料与方法

1. 样品采集

在重庆市大足区设置3个固定采样点，分别是重庆市大足区金湖源生态养殖股份合作社、重庆市大足区均池家庭农场、大足穗源种植养殖股份合作社。2023年4—10月，每月从采样点各采样一次。采样鱼种为鲤、鲫和草鱼，每个样品2～4尾鱼。采集样品时记录渔场的发病情况、用药情况和鱼类死亡情况等信息，2023年集草鱼、鲫、鲤等水产动物的肝、脾、肾样品共165个。

2. 病原菌分离筛选

无病症时将鱼解剖后，取其肝脏、脾脏、肾脏和鳃4种组织样本；有病症时取病灶部位和肝脏、脾脏、肾脏、鳃。将样品的组织样本划线接种于血平板，28℃培育24h，挑取具有β溶血圈的单菌落接种至BHI液体培养基中28℃培养24h。

3. 病原菌鉴定及保存

通过核酸提取试剂盒提取纯化细菌的核酸，使用细菌通用引物扩增其16S rDNA，测序比对，确定属种。纯化后的细菌菌液以1:1的比例和无菌50%甘油混合保种，于−80℃冰箱保存。

二、药敏测试结果

1. 病原菌分离鉴定总体情况

从165个样品中分离鉴定得到维氏气单胞菌22株、嗜水气单胞菌3株、简氏气单胞菌1株、水稻栖息地假单胞菌1株、嗜麦芽窄食单胞菌1株、类志贺邻单胞菌1

株、柠檬酸杆菌 1 株、弗氏柠檬酸杆菌 1 株。维氏气单胞菌占分离致病菌总数的 71%（图 1），表明大足区养殖水环境中优势病原菌为维氏气单胞菌。

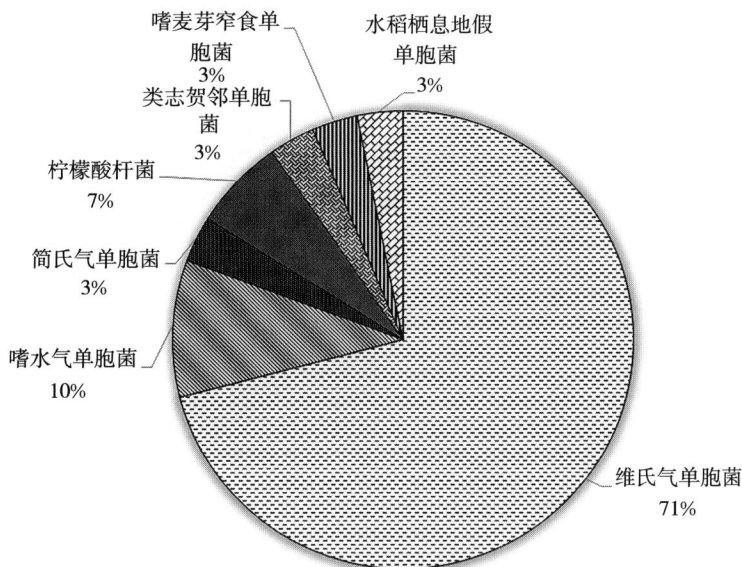

图 1 分离病原菌分类统计

2. 病原菌对不同抗菌药物的耐药性分析

（1）气单胞菌耐药性总体情况 供试药物种类有恩诺沙星、氟苯尼考、盐酸多西环素、磺胺间甲氧嘧啶钠、磺胺甲噁唑/甲氧苄啶、硫酸新霉素、甲砜霉素和氟甲喹。气单胞菌对 8 种水产用抗菌药物的敏感性总体情况见表 1。总体上，大足区气单胞菌对氟苯尼考、盐酸多西环素和硫酸新霉素的敏感性最高，敏感率均为 100%，对磺胺间甲氧嘧啶钠的敏感性最低，耐药率高达 30.77%。气单胞菌对磺胺甲噁唑/甲氧苄啶和甲砜霉素的敏感性处于较高水平，敏感率分别为 96.15%、92.31%（表 2）。

表 1 气单胞菌耐药性监测总体情况表（$n=26$）

供试药物	MIC_{50} (μg/mL)	MIC_{90} (μg/mL)	耐药率 (%)	中介率 (%)	敏感率 (%)	耐药性判定参考值(μg/mL)		
						耐药折点	中介折点	敏感折点
恩诺沙星	0.06	4	11.54	3.85	84.61	≥4	1～2	≤0.5
氟苯尼考	≤0.25	0.5	0	0	100	≥8	4	≤2
盐酸多西环素	0.25	2	0	0	100	≥16	8	≤4
磺胺间甲氧嘧啶钠	64	>1 024	30.77	0	69.23	≥512	—	≤256
磺胺甲噁唑/甲氧苄啶	≤0.06/1.2	0.125/2.4	3.85	0	96.15	≥76/4	—	≤38/2
硫酸新霉素	1	2	0	0	100	≥16	8	≤4
甲砜霉素	2	64	7.69	0	92.31	≥16	—	≤8

（续）

供试药物	MIC$_{50}$ （μg/mL）	MIC$_{90}$ （μg/mL）	耐药率 （%）	中介率 （%）	敏感率 （%）	耐药性判定参考值（μg/mL）		
						耐药折点	中介折点	敏感折点
氟甲喹	1	64	—	—	—			

注："—"表示无折点；耐药性判定参考值只适用于气单胞菌、弧菌、假单胞菌、爱德华氏菌等革兰氏阴性菌，其他细菌可只统计 MIC$_{50}$ 和 MIC$_{90}$。

表 2　大足区其余病原菌 MIC 值（μg/mL）

编号	菌株名称	恩诺沙星	硫酸新霉素	甲砜霉素	氟苯尼考	多西环素	氟甲喹	磺胺间甲氧嘧啶	甲氧苄啶＋磺胺甲噁唑
DZ2023011G	弗氏柠檬酸杆菌株	0.5	1	256	16	16	8	＞1 024	＞64/1 216
DZ2023011P	柠檬酸杆菌	0.25	1	128	8	＞128	64	512	0.25/4.8
DZ2023011S	类志贺邻单胞菌	≤0.015	8	2	0.5	0.5	≤0.125	1 024	≤0.06/1.2
DZ2023016G	嗜麦芽窄食单胞菌	0.5	＞256	128	16	4	8	＞1 024	4/76
DZ2023019G	水稻栖息地假单胞菌	0.06	0.5	128	32	0.5	4	＞1 024	4/76

（2）气单胞菌对不同药物的敏感性　各抗菌药物对 26 株气单胞菌的 MIC 频数分布见表 3 至表 8。恩诺沙星对菌株的 MIC 分布为 7 株在 0.015μg/mL 以下，其余菌株集中分布在 0.03～1μg/mL；盐酸多西环素对菌株的 MIC 分布在 0.125～4μg/mL；硫酸新霉素对菌株的 MIC 分布在 0.5～4μg/mL，集中分布在 1μg/mL；氟甲喹对菌株的 MIC 分布主要集中 2 个区域，在 0.125μg/mL 以下分布 7 株菌株，在 0.5～4μg/mL 分布 13 株菌株；甲砜霉素对菌株的 MIC 分布在 1～32μg/mL，主要集中在 2μg/mL；氟苯尼考对菌株的 MIC 分布在 ≤0.25～1μg/mL，主要集中在 ≤0.5μg/mL；磺胺间甲氧嘧啶钠对株菌的 MIC 分布在 8～≥1 024μg/mL。磺胺甲噁唑/甲氧苄啶对菌株的 MIC 也分布在 3 个区间，对 4 株菌的 MIC 分布在 2.4/0.12μg/mL，对 21 株菌分布在 ≤1.2/0.06μg/mL 以下，对 1 株菌的 MIC 为 1 216/64μg/mL 以上。

表 3　恩诺沙星对气单胞菌的 MIC 频数分布（n＝26）

供试药物	不同药物浓度（μg/mL）下的菌株数（株）											
	≥32	≥16	8	4	2	1	0.5	0.25	0.125	0.06	0.03	≤0.015
恩诺沙星	0	0	0	3	0	1	1	2	3	5	4	7

表 4　盐酸多西环素对气单胞菌的 MIC 频数分布（n＝26）

供试药物	不同药物浓度（μg/mL）下的菌株数（株）											
	≥128	64	32	16	8	4	2	1	0.5	0.25	0.125	≤0.06
盐酸多西环素	0	0	0	0	0	1	3	1	4	16	1	0

表 5　硫酸新霉素、氟甲喹对气单胞菌的 MIC 频数分布 （n＝26）

供试药物	不同药物浓度（μg/mL）下的菌株数（株）											
	≥256	128	64	32	16	8	4	2	1	0.5	0.25	≤0.125
硫酸新霉素	0	0	0	0	0	0	2	6	16	2	0	0
氟甲喹	1	0	4	1	0	0	2	2	8	1	0	7

表 6　甲砜霉素、氟苯尼考对气单胞菌的 MIC 频数分布 （n＝26）

供试药物	不同药物浓度（μg/mL）下的菌株数（株）											
	≥512	256	128	64	32	16	8	4	2	1	0.5	≤0.25
甲砜霉素	0	0	0	0	1	1	0	1	16	7	0	0
氟苯尼考	0	0	0	0	0	0	0	0	0	1	12	13

表 7　磺胺间甲氧嘧啶钠对气单胞菌的 MIC 频数分布 （n＝26）

供试药物	不同药物浓度（μg/mL）下的菌株数（株）										
	≥1 024	512	256	128	64	32	16	8	4	2	≤1
磺胺间甲氧嘧啶钠	5	3	3	1	4	4	4	2	0	0	0

表 8　磺胺甲噁唑/甲氧苄啶对气单胞菌的 MIC 频数分布 （n＝26）

供试药物	药物浓度（μg/mL）和菌株数（株）										
	≥1 216/64	≥608/32	304/16	152/8	76/4	38/2	19/1	9.5/0.5	4.8/0.25	2.4/0.12	≤1.2/0.06
磺胺甲噁唑/甲氧苄啶	1	0	0	0	0	0	0	0	0	4	21

3. 耐药菌株来源地分析

对耐药菌株进行来源地分析，结果表明对磺胺间甲氧嘧啶钠和甲砜霉素耐药的菌株未表现出来源地差异，3 个采样点都存在耐药菌株。对恩诺沙星、硫酸新霉素、氟苯尼考、盐酸多西环素、甲氧苄啶＋磺胺甲噁唑耐药的菌株表现出来源地差异，耐药菌株集中在大足穗源种植养殖股份有限公司和重庆市大足区金福源生态养殖股份合作社（图 2）。

三、分析与建议

总体分析，重庆市大足区 2023 年分离的气单胞菌对氟苯尼考、盐酸多西环素和硫酸新霉素比较敏感，3 种抗菌药物可以作为养殖生产中治疗气单胞菌引起的疾病的首选药物。氟苯尼考、磺胺甲噁唑/甲氧苄啶对气单胞菌的 MIC 集中在低浓度区，但偶见耐磺胺甲噁唑/甲氧苄啶的菌株，可根据实际情况，慎重选择该抗菌药物。磺胺间甲氧嘧啶钠对分离的气单胞菌的 MIC 大多在 1 024 μg/mL 以上，气单胞菌对此药物有较强的耐药性，不建议在养殖生产中使用该药物进行治疗。

不同地区、不同养殖条件下分离的致病菌对抗菌药物的敏感性也存在差异。对大

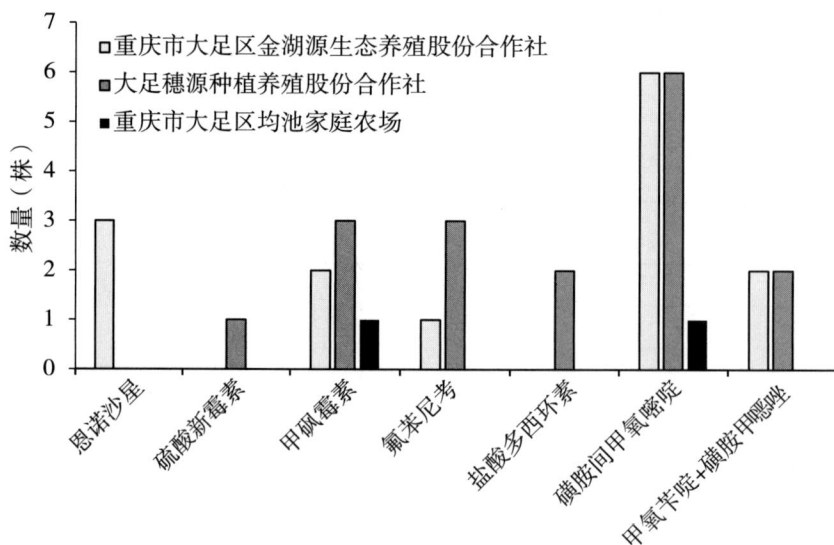

图2 耐药菌株来源分析

足区分离的气单胞菌耐药菌株来源分析结果表明，对磺胺间甲氧嘧啶钠和甲砜霉素耐药的菌株集中在大足穗源种植养殖股份有限公司和重庆市大足区金福源生态养殖股份合作社。在选择抗菌药物时，需要根据养殖场的实际情况及鱼塘的用药史科学选择抗菌药物。

在养殖生产中应合理使用抗菌药物，超剂量或滥用抗菌药物会导致养殖水环境中的耐药菌株增多；加强用药前的药敏试验，根据药敏试验结果，有针对性地选择敏感药物。只有用药敏试验结果来指导实际用药，才能做到药到病除，减少耐药菌株的产生，延长抗生素的有效使用周期；轮换交替用药可以有效减少耐药菌株的增多，能取得较好的治疗效果。

以上数据仅限于大足区3个采样点，不能完全代表大足区的整体情况，需要更广泛地采集养殖区域样本，连续监测病原菌耐药性动态变化情况，才能提出更加科学的用药方法。

2023年璧山区水产养殖动物主要病原菌耐药性监测分析报告

黄　利[1]　罗　强[1]　高　宣[2]　朱成科[2]

（1. 重庆市璧山区现代农业发展促进中心　2. 西南大学水产学院）

为了解、掌握水产养殖主要病原菌对渔用抗菌药物的耐药性情况及其变化规律，指导科学使用渔用抗菌药物，提高细菌性病害防控成效，推动渔业绿色高质量发展，重庆市璧山区重点从草鱼、鲫和牛蛙等养殖品种中分离得到维氏气单胞菌、迟缓爱德华氏菌等病原菌，并测定其对8种水产用抗菌药物的敏感性，具体结果如下。

一、材料与方法

1. 样品采集

2023年4—10月，璧山区对重庆骜渝农业发展有限公司、重庆四季香生态农业发展有限公司、璧山区松愉养鱼场、重庆慈嘉水产家庭农场和重庆市璧山区新月水产养殖有限公司5家水产养殖进行了抽样。

定期参与璧山区水产养殖主要病原菌耐药性监测的企业为重庆骜渝农业发展有限公司。

2. 病原菌分离筛选

无病症时将鱼解剖后，取其肝脏、脾脏、肾脏和鳃4种组织样本；有病症时取病灶部位和肝脏、脾脏、肾脏、鳃。将样品的组织样本划线接种于血平板，28℃培育24 h，挑选优势菌接种于淡水鱼类培养基待用。

3. 病原菌鉴定及保存

将纯化后的菌株送至重庆市水产技术推广总站进行分析鉴定。菌株保存至含25％甘油液体培养基中，置于－20℃冰箱保存。

二、药敏测试结果

1. 病原菌分离鉴定总体情况

2023年共分离出病原菌33株，其中气单胞菌属14株（维氏气单胞菌7株，嗜水气单胞菌5株，其他气单胞菌2株），弧菌5株，爱德华氏菌属4株，柠檬酸杆菌属9株。

2. 病原菌对不同抗菌药物的耐药性分析

（1）抗菌药物对所有病原菌的 MIC_{50} 和 MIC_{90} 统计结果分析　硫酸新霉素对病原

菌的MIC$_{90}$为2μg/mL，表现出强敏感性。恩诺沙星对病原菌的MIC$_{90}$为1μg/mL，表现出较强敏感性，但高于其敏感折点（≤0.5μg/mL）。氟苯尼考、盐酸多西环素、磺胺间甲氧嘧啶钠、磺胺甲噁唑/甲氧苄啶和甲砜霉素对病原菌表现出较强耐药性，其中磺胺间甲氧嘧啶钠对病原菌的耐药率高达66.67%（表1）。

表1 病原菌耐药性监测总体情况（n=33）

供试药物	MIC$_{50}$（μg/mL）	MIC$_{90}$（μg/mL）	耐药率（%）	中介率（%）	敏感率（%）	耐药性判定参考值（μg/mL）		
						耐药折点	中介折点	敏感折点
恩诺沙星	0.06	1	6.06	6.06	87.88	≥4	1～2	≤0.5
氟苯尼考	1	256	30.30	9.09	60.61	≥8	4	≤2
盐酸多西环素	0.5	＞128	24.24	0	75.76	≥16	8	≤4
磺胺间甲氧嘧啶钠	1 024	＞1 024	66.67	0	33.33	≥512	—	≤256
磺胺甲噁唑/甲氧苄啶	＜0.06/1.2	＞64/1 216	21.21	0	78.79	≥76/4	—	≤38/2
硫酸新霉素	1	2	0	0	100	≥16	8	≤4
甲砜霉素	4	＞512	42.42	0	57.58	≥16	—	≤8
氟甲喹	2	32	—	—	—	—	—	—

注："—"表示无折点。

（2）抗菌药物对气单胞菌属病原菌的MIC$_{50}$和MIC$_{90}$统计结果分析　气单胞菌对8种水产用抗菌药物的敏感性总体情况见表2。恩诺沙星、磺胺甲噁唑/甲氧苄啶、硫酸新霉素对气单胞菌的MIC$_{90}$分别为0.012 5μg/mL、＜0.06/1.2μg/mL和2μg/mL，均表现出强敏感性，敏感率均100%；氟苯尼考、盐酸多西环素和甲砜霉素也具有较强敏感性，敏感率为92.86%；对磺胺间甲氧嘧啶钠敏感性最低，敏感率为57.14%。

表2 气单胞菌属耐药性监测总体情况（n=14）

供试药物	MIC$_{50}$（μg/mL）	MIC$_{90}$（μg/mL）	耐药率（%）	中介率（%）	敏感率（%）	耐药性判定参考值（μg/mL）		
						耐药折点	中介折点	敏感折点
恩诺沙星	≤0.015	0.012 5	0	0	100	≥4	1～2	≤0.5
氟苯尼考	0.5	1	0	7.14	92.86	≥8	4	≤2
盐酸多西环素	0.25	0.5	7.14	0	92.86	≥16	8	≤4
磺胺间甲氧嘧啶钠	128	＞1 024	48.26	0	57.14	≥512	—	≤256
磺胺甲噁唑/甲氧苄啶	＜0.06/1.2	＜0.06/1.2	0	0	100	≥76/4	—	≤38/2
硫酸新霉素	0.5	2	0	0	100	≥16	8	≤4

（续）

供试药物	MIC$_{50}$（μg/mL）	MIC$_{90}$（μg/mL）	耐药率（%）	中介率（%）	敏感率（%）	耐药性判定参考值（μg/mL）		
						耐药折点	中介折点	敏感折点
甲砜霉素	2	4	7.14	0	92.86	≥16	—	≤8
氟甲喹	≤0.125	64	—	—	—	—	—	—

注："—"表示无折点。

（3）气单胞菌对抗菌药物的敏感性 各抗菌药物对 14 株气单胞菌的 MIC 频数分布见表 3 至表 8。气单胞菌对恩诺沙星有较强敏感性，恩诺沙星对气单胞菌的 MIC 频数分布均≤1μg/mL，其中 9 株≤0.015μg/mL；盐酸多西环素对气单胞菌集中在 0.125～0.5μg/mL；硫酸新霉素对菌株的 MIC 分布区间主要在 0.5～2μg/mL；氟甲喹对菌株的 MIC 分布较为分散，有 8 株分布在≤0.25μg/mL，4 株分布在 1～2μg/mL，2 株分布在≥64μg/mL；甲砜霉素对菌株 MIC 分布频率集中在 1～4μg/mL；氟苯尼考对菌株 MIC 分布频率集中在≤0.25～1μg/mL；磺胺间甲氧嘧啶钠对菌株 MIC 分布较为分散，6 株分布在 32～64μg/mL，4 株 MIC 分布在 256μg/mL，2 株 MIC≥1 024μg/mL；磺胺甲噁唑/甲氧苄啶对 13 株菌的 MIC 分布集中≤1.2/0.06μg/mL。

表 3　恩诺沙星对气单胞菌的 MIC 频数分布（$n=14$）

供试药物	不同药物浓度（μg/mL）下的菌株数（株）											
	≥32	≥16	8	4	2	1	0.5	0.25	0.125	0.06	0.03	≤0.015
恩诺沙星	0	0	0	0	0	1	1	0	1	2	1	9

表 4　盐酸多西环素对气单胞菌的 MIC 频数分布（$n=14$）

供试药物	不同药物浓度（μg/mL）下的菌株数（株）											
	128	64	32	16	8	4	2	1	0.5	0.25	0.125	≤0.06
盐酸多西环素	0	0	0	0	0	0	0	0	3	10	1	0

表 5　硫酸新霉素、氟甲喹对气单胞菌的 MIC 频数分布（$n=14$）

供试药物	不同药物浓度（μg/mL）下的菌株数（株）											
	≥256	128	64	32	16	8	4	2	1	0.5	0.25	≤0.125
硫酸新霉素	0	0	0	0	0	0	1	3	3	6	0	1
氟甲喹	1	0	1	0	0	0	0	3	1	0	1	7

表 6　甲砜霉素、氟苯尼考对气单胞菌的 MIC 频数分布（$n=14$）

供试药物	不同药物浓度（μg/mL）下的菌株数（株）											
	≥512	256	128	64	32	16	8	4	2	1	0.5	≤0.25
甲砜霉素	0	0	0	0	0	0	0	2	10	1	0	1
氟苯尼考	0	0	0	0	0	0	0	0	0	2	8	4

表 7　磺胺间甲氧嘧啶钠对气单胞菌的 **MIC** 频数分布（$n=14$）

供试药物	不同药物浓度（μg/mL）下的菌株数（株）										
	≥1 024	512	256	128	64	32	16	8	4	2	≤1
磺胺间甲氧嘧啶钠	2	0	4	0	4	2	0	1	0	0	1

表 8　磺胺甲噁唑/甲氧苄啶对气单胞菌的 **MIC** 频数分布（$n=14$）

供试药物	药物浓度（μg/mL）和菌株数（株）										
	≥1 216/ 64	≥608/ 32	304/ 16	152 /8	76/ 4	38/ 2	19/ 1	9.5/ 0.5	4.8/ 0.25	2.4/ 0.12	≤1.2/ 0.06
磺胺甲噁唑/ 甲氧苄啶	0	0	0	0	0	0	0	0	0	1	13

三、分析与建议

　　上述结果表明病原菌对恩诺沙星、硫酸新霉素有较高敏感性，对磺胺间甲氧嘧啶钠表现出耐药。使用恩诺沙星、硫酸新霉素 MIC_{90} 均小于 $2\mu g/mL$，属于既有效又经济的药物。

　　下一步将加强对主要养殖大户进行定期采样，同时，根据药敏试验结果指导养殖户安全规范用药。

2023年潼南区水产养殖动物主要病原菌耐药性监测分析报告

魏玉华　王凯鑫　李晓洁

（重庆市潼南区农业科技推广中心）

在水产养殖过程中，抗生素类药物的使用对于控制各种水产动物传染性疾病是非常重要的措施。为了解、掌握水产养殖主要病原菌对渔用抗菌药物的耐药性情况及其变化规律，明确作为药物治疗对象的致病菌对抗生素药物的感受性，指导科学、正确地使用渔用抗菌药物，提高细菌性病害防控成效，推动渔业绿色高质量发展，潼南区重点从鲫、大口黑鲈、鲤等养殖品种中分离得到气单胞菌、类志贺邻单胞菌等病原菌，并测定其对8种水产用抗菌药物的敏感性，具体结果如下。

一、材料与方法

1. 样品采集

采集多尾无病症鱼或采集发生疫病的病体作样本，采样分离台账见表1。

表1　2023年潼南区细菌耐药普查分离病原微生物来源及情况

菌株编号	采集地点	品种
TN2023001	潼南区田家镇小石社区	鳙
TN2023002	潼南区田家镇小石社区	鲫
TN2023003	潼南区小渡镇高坝村	草鱼
TN2023004	潼南区龙形镇池坝村	鳙
TN2023005	潼南区龙形镇池坝村	鲫
TN2023006	潼南区塘坝镇石花村	鲤
TN2023007	潼南区双江镇老关村	黄颡鱼
TN2023008	潼南区双江镇新店村	大口黑鲈
TN2023009	潼南区大佛街道卫星村	鲤
TN2023010	潼南区太安镇铜鼓村周月明鱼场	大口黑鲈
TN2023011	潼南区太安镇赖元先养殖场	鲤
TN2023012	潼南区太安镇赖元先养殖场	鲫
TN2023013	潼南区太安镇赖元先养殖场	草鱼
TN2023014	潼南区太安镇周月明养殖场	鳜
TN2023015	潼南区太安镇周月明养殖场	鲈

（续）

菌株编号	采集地点	品种
TN2023016	潼南区塘坝镇张顺洪养殖场	鲫
TN2023017	潼南区塘坝镇张继毅养殖场	草鱼
TN2023018	潼南区塘坝镇裴森淡水鱼养殖场	草鱼
TN2023019	潼南区塘坝镇熊云养鱼场	鲫
TN2023020	潼南区塘坝镇赖宏亮养殖场	鲫
TN2023021	潼南区塘坝镇徐飞养殖场	草鱼
TN2023022	潼南区塘坝镇黄征养殖场	鲫
TN2023023	潼南区塘坝镇郭小兵养殖场	草鱼
TN2023024	潼南区柏梓镇庚华种养殖专业合作社	鲫
TN2023025	潼南区柏梓镇陈本乾养殖场	草鱼
TN2023026	潼南区柏梓镇芘丽芙养殖场	鲫
TN2023027	潼南区太安镇张金木养殖场	大口黑鲈

2. 病原菌分离筛选

无病症时将鱼解剖后，取肝脏、脾脏、肾脏、鳃；发生疫病的鱼取肝脏、脾脏、肾脏、鳃和病灶部位。经过12h增培菌，将样品的组织样本划线接种于血平板，28℃培育24h；挑取具有β溶血圈的单菌落接种BHI液体培养基中28℃培养24h。

3. 病原菌鉴定及保存

通过核酸提取试剂盒提取纯化细菌的核酸，使用细菌通用引物扩增其16S rDNA，测序比对，确定属种。纯化后的细菌菌液以1：1的比例和无菌50％甘油混合保种，于－80℃冰箱保存。

二、药敏测试结果

1. 病原菌分离鉴定总体情况

从几批次的27个养殖品种样本的内脏、鳃等部位分离得到气单胞菌属的维氏气单胞菌、嗜水气单胞菌、豚鼠气单胞菌、温和气单胞菌，弧菌科邻单胞菌属的类志贺邻单胞菌等病原菌23株。

药物敏感性实验发现，22株气单胞菌对恩诺沙星耐药率9％、中介率5％、敏感率86％；对氟苯尼考耐药率5％、敏感率95％；对盐酸多西环素敏感率100％；对磺胺间甲氧嘧啶钠耐药率64％、敏感率36％；对磺胺甲噁唑/甲氧苄啶耐药率5％、敏感率95％；对硫酸新霉素敏感率100％；对甲砜霉素耐药率9％、敏感率91％；对氟甲喹敏感率100％。测得的数据见表2。

在潼南区大佛街道卫星村采得的鲤脾脏中分离出类志贺邻单胞菌株，对磺胺间甲氧嘧啶钠耐药，对其他几种抗生素敏感。测得的MIC值见表3。

表 2　气单胞菌耐药性监测总体情况（$n=22$）

供试药物	MIC$_{50}$（μg/mL）	MIC$_{90}$（μg/mL）	耐药率（%）	中介率（%）	敏感率（%）	耐药性判定参考值（μg/mL）		
						耐药折点	中介折点	敏感折点
恩诺沙星	≤0.015	2	9	5	86	≥4	1~2	≤0.5
氟苯尼考	0.5	1	5	0	95	≥8	4	≤2
盐酸多西环素	0.25	0.5	0	0	100	≥16	8	≤4
磺胺间甲氧嘧啶钠	512	>1 024	64	0	36	≥512	—	≤256
磺胺甲噁唑/甲氧苄啶	≤0.06/1.2	0.125/2.4	5	0	95	≥76/4	—	≤38/2
硫酸新霉素	1	4	0	0	100	≥16	8	≤4
甲砜霉素	2	8	9	0	91	≥16	—	≤8
氟甲喹	0.25	64	0	0	100	—	—	—

注："—"表示无折点；耐药性判定参考值只适用于气单胞菌、弧菌、假单胞菌、爱德华氏菌等革兰氏阴性菌，其他细菌可只统计 MIC$_{50}$ 和 MIC$_{90}$。

表 3　类志贺邻单胞菌耐药性监测 MIC 值（μg/mL）

供试药物	恩诺沙星	氟苯尼考	盐酸多西环素	磺胺间甲氧嘧啶钠	磺胺甲噁唑/甲氧苄啶	硫酸新霉素	甲砜霉素	氟甲喹
TN2023011P	≤0.015	0.5	0.25	>1 024	≤0.06/1.2	4	2	≤0.125

2. 病原菌对不同抗菌药物的耐药性分析

测得恩诺沙星对 22 株气单胞菌耐药 2 株、中介 1 株、敏感 19 株。具体见表 4。

表 4　恩诺沙星对气单胞菌的 MIC 频数分布（$n=22$）

供试药物	不同药物浓度（μg/mL）下的菌株数（株）											
	≥32	≥16	8	4	2	1	0.5	0.25	0.125	0.06	0.03	≤0.015
恩诺沙星	0	0	1	1	1	0	0	1	2	5	0	11

测得盐酸多西环素对 22 株气单胞菌中介 1 株、敏感 21 株，具体见表 5。

表 5　盐酸多西环素对气单胞菌的 MIC 频数分布（$n=22$）

供试药物	不同药物浓度（μg/mL）下的菌株数（株）											
	128	64	32	16	8	4	2	1	0.5	0.25	0.125	≤0.06
盐酸多西环素	0	0	0	0	0	1	0	1	7	13	0	0

测得硫酸新霉素对 22 株气单胞菌敏感 22 株，测得氟甲喹对 22 株气单胞菌耐药 4 株、敏感 18 株。具体见表 6。

表 6　硫酸新霉素、氟甲喹对气单胞菌的 MIC 频数分布（n＝22）

供试药物	不同药物浓度（μg/mL）下的菌株数（株）											
	≥256	128	64	32	16	8	4	2	1	0.5	0.25	≤0.125
硫酸新霉素	0	0	0	0	0	0	3	2	13	4	0	0
氟甲喹	0	2	1	1	0	0	2	1	1	2	3	9

测得甲砜霉素对 22 株气单胞菌耐药 2 株、敏感 20 株，氟苯尼考对气单胞菌耐药 1 株、敏感 21 株。具体见表 7。

表 7　甲砜霉素、氟苯尼考对气单胞菌的 MIC 频数分布（n＝22）

供试药物	不同药物浓度（μg/mL）下的菌株数（株）											
	≥512	256	128	64	32	16	8	4	2	1	0.5	≤0.25
甲砜霉素	1	0	0	0	0	1	1	0	12	7	0	0
氟苯尼考	0	0	0	1	0	0	0	0	1	1	10	9

测得磺胺间甲氧嘧啶钠对 22 株气单胞菌耐药 14 株、敏感 8 株。具体见表 8。

表 8　磺胺间甲氧嘧啶钠对气单胞菌的 MIC 频数分布（n＝22）

供试药物	不同药物浓度（μg/mL）下的菌株数（株）										
	≥1 024	512	256	128	64	32	16	8	4	2	≤1
磺胺间甲氧嘧啶钠	11	3	1	2	1	0	4	0	0	0	0

测得磺胺甲噁唑/甲氧苄啶对 22 株气单胞菌耐药 1 株、敏感 21 株。具体见表 9。

表 9　磺胺甲噁唑/甲氧苄啶对气单胞菌的 MIC 频数分布（n＝22）

供试药物	不同药物浓度（μg/mL）下的菌株数（株）										
	≥1 216/64	≥608/32	304/16	152/8	76/4	38/2	19/1	9.5/0.5	4.8/0.25	2.4/0.12	≤1.2/0.06
磺胺甲噁唑/甲氧苄啶	1	0	0	0	0	0	0	0	0	2	19

三、周月明养鱼场 2 号鲈塘耐药性监测情况

该鲈专养塘自 6 月初开始出现发病，鱼体被锚头鳋寄生，体表溃烂并携带虹彩病毒。在病鱼中分离出 4 株气单胞菌，其中鉴定到种的包含 2 株维氏气单胞菌、1 株温和气单胞菌。通过进行药物敏感性实验，对恩诺沙星耐药率 25%，敏感率 75%；对氟苯尼考耐药率 25%，敏感率 75%；对盐酸多西环素敏感率 100%；对磺胺间甲氧嘧啶钠耐药率 50%，敏感率 50%；对磺胺甲噁唑/甲氧苄啶耐药率 25%，敏感率 75%；对硫酸新霉素敏感率 100%；对甲砜霉素耐药率 25%，敏感率 75%；对氟甲喹敏感率 100%（表 10）。

表 10　周月明养鱼场 2 号鲈塘耐药性监测情况

供试药物	MIC_{50}（μg/mL）	MIC_{90}（μg/mL）	耐药率（%）	中介率（%）	敏感率（%）	耐药性判定参考值（μg/mL）		
						耐药折点	中介折点	敏感折点
恩诺沙星	≤0.015	2	25	0	75	≥4	1~2	≤0.5
氟苯尼考	0.5	1	25	0	75	≥8	4	≤2
盐酸多西环素	0.25	0.5	0	0	100	≥16	8	≤4
磺胺间甲氧嘧啶钠	512	≥1 024	50	—	50	≥512	—	≤256
磺胺甲噁唑/甲氧苄啶	≤0.06/1.2	0.125/2.4	25	—	75	≥76/4	—	≤38/2
硫酸新霉素	1	4	0	0	100	≥16	8	≤4
甲砜霉素	2	8	25	0	75	≥16	8	≤8
氟甲喹	0.25	64	—	—	100	—	—	—

四、分析与建议

2023 年度分离出的主要是气单胞菌中的维氏气单胞菌、嗜水气单胞菌、豚鼠气单胞菌、温和气单胞菌，存在于鱼鳃、体表和肝、肠等内脏。气单胞菌在一定条件下能够感染多种水产动物，导致气单胞菌败血症、溃疡综合征、赤皮病、肠炎病等疾病，对水产养殖业造成极大的经济损失。主要危害鲫、鲢、鳙、草鱼、鳜等淡水养殖鱼类。

菌株耐药性实验结果表明，出现耐性的比例较大，特别是经济价值高又经常发病的养殖种类。针对分析结果，建议潼南区应该采取下述应对措施，以遏制该区病原菌耐药性发展。

1. 指导养殖场坚持"预防为主"

每个养殖周期前要彻底清塘，杀死池底淤泥中的有害细菌，养殖过程中做好水质管理。

2. 规范用药

发生鱼病及早正确诊断、科学用药；"鱼病发生，先水后鱼"，常发细菌性病经改水、杀虫、杀菌、再调水能有效控制，不要鱼病一发生就滥用抗生素；不过度用药，增加细菌的耐药性；要用正规厂家生产的渔药；尽量选择"三效"（高效、速效、长效）和"三小"（剂量小、毒性小、副作用小）渔药。

3. 加强耐药性监测

主要从这几方面加强监测工作：

（1）药敏试验　分离、鉴定水产养殖动物致病菌，以药敏试验结果指导水产养殖业者科学、精准地使用水产用兽药。

（2）流行性致病菌耐药检测和分析

4. 增加养殖品种监测覆盖面

潼南区大口黑鲈和翘嘴鳜养殖面较大、养殖户多，加上多数外地购进苗种带虹彩病毒等，细菌和寄生虫病易发难控情况下易发生滥用药物现象，拟加强这两种鱼的监测覆盖面。

2023 年开州区水产养殖动物主要病原菌耐药性监测分析报告

雷登华　蒲华靖　桂淑红

（开州区农业发展服务中心水产服务站）

为了解、掌握开州区水产养殖主要病原菌对渔用抗菌药物的耐药性情况及其变化规律，指导科学使用渔用抗菌药物，提高细菌性病害防控成效，推动渔业绿色高质量发展，开州区从区内重点养殖企业（户）中采集样品送检，分离到维氏气单胞菌、嗜水气单胞菌、气单胞菌等 5 种病原菌，并对 8 种水产用抗菌药物的耐药性进行了测定，具体结果如下。

一、材料与方法

1. 样品采集

5 月以来，从全区 9 个镇乡（街道）抽取草鱼、鲫、鲤等鱼类样品 63 尾，分离的样品主要来自鱼类肝、脾、肾三个部位，全年送检样品 186 个，送检率 100％，共检测出各类菌株 34 株（表 1）。

表 1　开州区水产养殖动物主要病原菌耐药性检测采样情况

水温（℃）	尾数（尾）	采集样品（份）	分离菌株（株）	弧菌（株）	其他（株）
11～15	3	9	2	1	1
11～15	3	9	—	—	—
11～15	7	21	2	1	1
14～17	8	24	11	11	—
14～17	5	15	6	6	—
15～20	5	15	4	4	—
18～23	4	12	3	3	—
23～28	6	18	3	3	—
25～30	2	6	2	2	—
15～20	5	15	—	—	—
15～20	5	15	1	1	—
12～17	2	6	—	—	—
12～17	5	15	—	—	—
11～16	3	6	—	—	—
合计	63	186	34	32	2

2. 病原菌分离筛选

无病症时将鱼解剖后，取其肝脏、脾脏和肾脏 3 种组织样本；有病症时取病灶部位和肝脏、脾脏、肾脏。将样品的组织样本划线接种于血平板，28℃培育 24h，挑取具有 β 溶液圈的单菌落接种至 BHI 液体培养基中 28℃培养 24h。

3. 病原菌鉴定及保存

通过核酸提取试剂盒提取纯化细菌的核酸，使用细菌通用引物扩增其 16S rDNA，测序对比，确定属种。纯化后的细菌菌液以 1∶1 的比例和无菌 50％甘油混合保种，于－80℃冰箱保存。

二、药敏测试结果

1. 病原菌分离鉴定总体情况

2023 年开州区送检样品共检测出各类菌株 34 株：维氏气单胞菌 27 株，嗜水气单胞菌 3 株，气单胞菌 2 株，假单胞菌 1 株，荧光假单胞菌 1 株。其中，气单胞菌 32 株，占比达 94.12％。

2. 病原菌对不同抗菌药物的耐药性分析

（1）开州区检测病原菌耐药监测总体情况 2023 年度共检测出各类菌株 34 株，所有菌株对恩诺沙星、硫酸新霉素、氟甲喹敏感率为 100％，未产生耐药；对盐酸多西环素中介率 2.94％，敏感率 97.06％；对甲砜霉素耐药率为 11.77％，敏感率 88.23％；对氟苯尼考、磺胺甲恶唑/甲氧苄啶耐药率 5.89％，敏感率 94.11％；对磺胺间甲氧嘧啶耐药率为 55.88％，敏感率 44.12％。

（2）开州区气单胞菌耐药性总体情况 2023 年度共检测出气单胞菌 32 株，对恩诺沙星、硫酸新霉素、氟苯尼考、氟甲喹、磺胺甲噁唑/甲氧苄啶、盐酸多西环素敏感性最高，敏感率为 100％；对磺胺间甲氧嘧啶敏感性最低，敏感率为 53.13％。磺胺间甲氧嘧啶钠对气单胞菌的 MIC_{90} 为＞1 024μg/mL，远高于敏感折点。气单胞菌对甲砜霉素敏感率处于较高水平，敏感率为 93.75％。具体数据表 2。

表 2 气单胞菌耐药性监测总体情况表（$n=32$）

供试药物	MIC_{50}（μg/mL）	MIC_{90}（μg/mL）	耐药率（％）	中介率（％）	敏感率（％）	耐药性判定参考值（μg/mL）		
						耐药折点	中介折点	敏感折点
恩诺沙星	0.06	0.25	0	0	100	≥4	1～2	≤0.5
氟苯尼考	0.5	1	0	0	100	≥8	4	≤2
盐酸多西环素	0.25	4	0	0	100	≥16	8	≤4
磺胺间甲氧嘧啶钠	512	＞1 024	46.87	0	53.13	≥512	—	≤256
磺胺甲噁唑/甲氧苄啶	≤0.06/1.2	0.125/2.4	0	0	100	≥76/4	—	≤38/2

（续）

供试药物	MIC$_{50}$（μg/mL）	MIC$_{90}$（μg/mL）	耐药率（%）	中介率（%）	敏感率（%）	耐药性判定参考值（μg/mL）		
						耐药折点	中介折点	敏感折点
硫酸新霉素	1	2	0	0	100	≥16	8	≤4
甲砜霉素	2	16	0	6.25	93.75	≥16	—	≤8
氟甲喹	1	16	0	0	100	—	—	—

注："—"表示无折点。

(3) 气单胞菌对不同药物的敏感性 开州区检出的 32 株气单胞菌对 8 种抗菌药物的敏感性差异明显，恩诺沙星对气单胞菌的 MIC 分布为 11 株在 0.015μg/mL 以下，21 株分布在 0.03～0.25μg/mL；硫酸新霉素对气单胞菌的 MIC 分布集中在 0.5～2μg/mL；甲砜霉素对气单胞菌的 MIC 分布为 31 株在 1～16μg/mL，1 株在 128μg/mL；氟苯尼考对气单胞菌的 MIC 分布为 14 株在 0.25μg/mL 以下，18 株在 0.5～2μg/mL；盐酸多西环素对气单胞菌的 MIC 分布集中在 0.25～4μg/mL；氟甲喹对气单胞菌的 MIC 分布为 11 株在 0.125μg/mL 以下，19 株在 0.25～16μg/mL；磺胺间甲氧嘧啶钠对气单胞菌的 MIC 分布为 12 株≥1 024μg/mL；20 株在 16～512μg/mL；磺胺甲噁唑/甲氧苄啶对气单胞菌的 MIC 分布为 25 株在 1.2/0.06 以下，7 株在 2.4/0.125μg/mL。8 种抗菌药气单胞菌 MIC 频数分布见表 3 至表 8。

表 3 恩诺沙星对气单胞菌的 MIC 频数分布（$n=32$）

供试药物	不同药物浓度（μg/mL）下的菌株数（株）											
	≥32	≥16	8	4	2	1	0.5	0.25	0.125	0.06	0.03	≤0.015
恩诺沙星	0	0	0	0	0	0	0	4	4	9	4	11

表 4 盐酸多西环素对气单胞菌的 MIC 频数分布（$n=32$）

供试药物	不同药物浓度（μg/mL）下的菌株数（株）											
	128	64	32	16	8	4	2	1	0.5	0.25	0.125	≤0.06
盐酸多西环素	0	0	0	0	0	3	1	0	11	17	0	0

表 5 硫酸新霉素、氟甲喹对气单胞菌的 MIC 频数分布（$n=32$）

供试药物	不同药物浓度（μg/mL）下的菌株数（株）											
	≥256	128	64	32	16	8	4	2	1	0.5	0.25	≤0.125
硫酸新霉素	0	0	0	0	0	0	0	6	22	4	0	0
氟甲喹	2	0	0	0	1	1	1	4	8	2	2	11

表 6 甲砜霉素、氟苯尼考对气单胞菌的 MIC 频数分布（$n=32$）

供试药物	不同药物浓度（μg/mL）下的菌株数（株）											
	≥512	256	128	64	32	16	8	4	2	1	0.5	≤0.25
甲砜霉素	0	0	1	0	0	1	0	0	25	4	0	0
氟苯尼考	0	0	0	0	0	0	0	0	1	4	13	14

表 7　磺胺间甲氧嘧啶钠对气单胞菌的 MIC 频数分布（n＝32）

供试药物	不同药物浓度（μg/mL）下的菌株数（株）										
	≥1 024	512	256	128	64	32	16	8	4	2	≤1
磺胺间甲氧嘧啶钠	12	5	2	6	2	3	2	0	0	0	0

表 8　磺胺甲噁唑/甲氧苄啶对气单胞菌的 MIC 频数分布（n＝32）

供试药物	药物浓度（μg/mL）和菌株数（株）										
	≥1 216/64	≥608/32	304/16	152/8	76/4	38/2	19/1	9.5/0.5	4.8/0.25	2.4/0.12	≤1.2/0.06
磺胺甲噁唑/甲氧苄啶	0	0	0	0	0	0	0	0	0	7	25

（4）假单胞菌对不同药物的敏感性　2023 年度共检测出假单胞菌 2 株，其中假单胞菌 1 株、荧光假单胞菌 1 株。2 株假单胞菌对恩诺沙星、硫酸新霉素、氟甲喹敏感率为 100%，对甲砜霉素、氟苯尼考、磺胺间甲氧嘧啶钠、磺胺甲噁唑/甲氧苄啶耐药率为 100%，对盐酸多西环素中介率为 50%，敏感率为 50%。2 株假单胞菌对不同抗菌药物的 MIC 分布见表 9。

表 9　假单胞菌对不同抗菌药物的 MIC

细菌编号	菌种鉴定	恩诺沙星	硫酸新霉素	甲砜霉素	氟苯尼考	盐酸多西环素	氟甲喹	磺胺间甲氧嘧啶钠	磺胺甲噁唑/甲氧苄啶
KZ2023003S	假单胞菌	0.5	0.5	>512	512	4	16	>1 024	8/512
KZ2023013S	荧光假单胞菌	0.5	2	>512	>512	8	16	>1 024	16/304

3. 开州区主要病原菌耐药性情况分析

开州区分离出的 34 株菌株，对磺胺间甲氧嘧啶钠耐药率达 55.88%，分布于开州区白鹤街道、竹溪镇、南雅镇、铁桥镇、临江镇、厚坝镇、郭家镇 7 个镇（街道），其中养殖重点镇（街道）达 3 个，说明开州区对磺胺间甲氧嘧啶钠的耐药性较为普遍，对磺胺间甲氧嘧啶钠的使用较为频繁；对甲砜霉素的耐药率为 11.76%，分布于白鹤街道、竹溪镇、南雅镇 3 个镇（街道），对氟苯尼考、磺胺甲噁唑/甲氧苄啶耐药率为 6.25%，分布于白鹤街道、竹溪镇，此 3 种抗菌药物较磺胺间甲氧嘧啶钠产生的耐药面窄，在全区总体耐药性不高；对恩诺沙星、硫酸新霉素、氟甲喹敏感率为 100%，对盐酸多西环素中介率 2.94%，敏感率为 97.06%，此 4 种抗菌药物敏感率高，全区对此 4 种抗菌药物的使用控制较好。

三、分析与建议

通过 2023 年监测情况来看，开州区水产养殖动物主要病原菌对恩诺沙星、硫酸新霉素、盐酸多西环素、氟甲喹四种抗菌药物为敏感，未产生耐药性，对甲砜霉素、氟苯尼考、磺胺甲噁唑/甲氧苄啶的耐药较低，但对磺胺间甲氧嘧啶钠的耐药较为普遍。针对这一结果，开州区将采取以下措施遏制病原菌耐药性发展：

（1）努力提高养殖户对微生物耐药认知率　通过媒体、网络信息平台、现场培训等方式，加大对微生物耐药性的宣传，提高从业者对微生物耐药的认知。

（2）强化技术培训的实用性　提升养殖业主养殖水平，尽量做到精细化管理，减少疾病发生。

（3）坚持慎用抗菌药物　在无法避免使用抗菌药物的情况下，要求养殖业主准确诊断后再合理用药，避免乱用滥用现象发生。

抗生素耐药性形成和传播最主要原因是盲目或过度使用现有抗生素药物，开州区就水产养殖行业耐药性问题提出以下建议：

（1）增加耐药性问题的投入，提高、改进投喂技术水平，减少药物使用对环境的影响。

（2）严禁使用国家规定的禁用药物，加大对禁用药物和已批准水产养殖用兽药休药期的监管力度。

（3）遏制抗生素作为防治鱼病的预防用药，减少在水产养殖领域对抗菌药物的大规模使用，防止水生动物出现获得性耐药性风险。

（4）推行健康养殖模式，推进养殖模式转型升级，减少水生动物疾病发生，这是减少用药最根本的措施。

2023 年武隆区水产养殖动物主要病原菌耐药性监测分析报告

凌锡跃

（重庆市武隆区水产技术推广站）

为了解、掌握武隆区水产养殖主要病原菌对渔用抗菌药物的耐药性情况及其变化规律，指导科学使用渔用抗菌药物，提高细菌性病害防控成效，推动渔业绿色高质量发展，武隆区重点从草鱼、黄颡鱼、大口黑鲈、长吻鮠、鲤、散鳞镜鲤养殖品种中分离得到豚鼠气单胞菌、简氏气单胞菌、假单胞菌、类志贺邻单胞菌、弗氏柠檬酸杆菌、维氏气单胞菌、异嗜糖气单胞菌、嗜水气单胞菌等病原菌，并测定其对 8 种水产用抗菌药物的敏感性，具体结果如下。

一、材料与方法

1. 样品采集

2023 年 4—10 月选择 2 座养殖场 2 个养殖品种进行每月采集，每次采集样品 2 尾以上，鱼发病时及时进行样品采集，每次采集发病个体 5 尾以上。其他养殖场发生疾病时进行采集，每次采集发病个体 5 尾以上。

2. 病原菌分离筛选

无病症时将鱼解剖后，取其肝脏、脾脏、肾脏和鳃 4 种组织样本；有症状时取病灶部位和肝脏、脾脏、肾脏、鳃。将样品的组织样本划线接种于血平板，28℃培育 24h，挑取具有 β 溶血圈的单菌落接种至 BHI 液体培养基中 28℃培养 24h。

3. 病原菌鉴定及保存

通过核酸提取试剂盒提取纯化细菌的核酸，使用细菌通过引物扩增其 16S rDNA，测序比对，确定属种。纯化后的细菌液以 1：1 的比例和无菌 50％甘油混合保种，于－80℃冰箱保存。

二、药敏测试结果

1. 病原菌分离鉴定总体情况

在 5 家养殖场分离到 8 种病原菌，其中黄颡鱼、草鱼分离到的病原菌较多，分别为 6 种和 4 种，大口黑鲈、青鱼、鲤、散鳞镜鲤分离到的病原菌相对较少，分别为 2 种、1 种、1 种和 1 种，具体养殖场分离的病原菌情况见表 1。

表 1　病原菌分离鉴定总体情况

采集地点	品种	采样部位	分离鉴定病原菌名称
弘达公司 1 号池塘	黄颡鱼	肝、肾	豚鼠气单胞菌
		肾	弗氏柠檬酸杆菌
		肝、肾、脾、腹水	维氏气单胞菌
		肾	嗜水气单胞菌
	草鱼	脾	异嗜糖气单胞菌
		肾、腹水	嗜水气单胞菌
		脾	简氏气单胞菌
刘小英养殖场 2 号池塘	黄颡鱼	肝	假单胞菌
		脾	类志贺邻单胞菌
		肝、脾	维氏气单胞菌
	青鱼	肝	维氏气单胞菌
	鲤	脾	维氏气单胞菌
圣业公司 3 号池塘	大口黑鲈	脾	弗氏柠檬酸杆菌
		脾、肾、腹水	维氏气单胞菌
	黄颡鱼	肝、肾、脾、腹水、病灶	维氏气单胞菌
		脾、肾	嗜水气单胞菌
	散鳞镜鲤	脾、肾	维氏气单胞菌
刘琴养殖场 2 号池塘	长吻鮠	肝、肾	类志贺邻单胞菌
蔡坝组 1 号池塘	草鱼	脾、肾	维氏气单胞菌

2. 病原菌对不同抗菌药物的耐药性分析

（1）武隆区检测病原菌耐药监测总体情况　2023 年度共采集到病原菌 32 株，其中气单胞菌 25 株。从表 2 可知，气单胞菌对恩诺沙星耐药率 12.0%、中介率 8.0%、敏感率 80.0%；对氟苯尼考耐药率 16.0%、敏感率 84.0%；对盐酸多西环素耐药率 12.0%、敏感率 88.0%；对磺胺间甲氧嘧啶钠耐药率 84.0%、敏感率 16.0%；对磺胺甲噁唑/甲氧苄啶耐药率 16.0%、敏感 84.0%；对硫酸新霉素敏感率 100%；对甲砜霉素耐药率 24.0%、敏感率 76.0%。其余病原菌的具体情况见表 3 和图 1。

表 2　武隆区气单胞菌监测总体情况表（$n=25$）

供试药物	MIC$_{50}$ （μg/mL）	MIC$_{90}$ （μg/mL）	耐药率 （%）	中介率 （%）	敏感率 （%）	耐药性判定参考值（μg/mL）		
						耐药折点	中介折点	敏感折点
恩诺沙星	0.06	4.00	12.00	8.00	80.00	≥4	1～2	≤0.5
氟苯尼考	0.50	64.00	16.00	0	84.00	≥8	4	≤2
盐酸多西环素	0.50	32.00	12.00	0	88.00	≥16	8	≤4

（续）

供试药物	MIC$_{50}$（μg/mL）	MIC$_{90}$（μg/mL）	耐药率（%）	中介率（%）	敏感率（%）	耐药性判定参考值（μg/mL）		
						耐药折点	中介折点	敏感折点
磺胺间甲氧嘧啶钠	1 024	＞1 024	84.00	0	16.00	≥512	—	≤256
磺胺甲噁唑/甲氧苄啶	0.125/2.4	＞64/1 216	16.00	0	84.00	≥76/4	—	≤38/2
硫酸新霉素	1.00	1.00	0	0	100	≥16	8	≤4
甲砜霉素	2	＞512	24.00	0	76.00	≥16	—	≤8
氟甲喹	2	＞256				—	—	—

注："—"表示无折点。

表3　武隆区8种药物对其余病原菌MIC值（μg/mL）

编号	菌属	恩诺沙星	硫酸新霉素	甲砜霉素	氟苯尼考	多西环素	氟甲喹	磺胺间甲氧嘧啶	甲氧苄啶＋磺胺甲噁唑
WL2023005G	假单胞菌	0.5	4	＞512	256	2	32	512	2/38
WL2023005P	类志贺邻单胞菌	0.25	2	64	8	0.5	256	1 024	≤0.06/1.2
WL2023008S	弗氏柠檬酸杆菌	≤0.015	2	64	8	1	0.5	＞1 024	0.125/2.4
WL2023010G	类志贺邻单胞菌	0.03	4	0.5	≤0.25	0.25	1	4	≤0.06/1.2
WL2023010S	类志贺邻单胞菌	0.03	2	0.5	≤0.25	0.125	1	256	≤0.06/1.2
WL2023014P	弗氏柠檬酸杆菌	＞32	1	＞512	＞512	＞128	＞256	＞1 024	＞64/1 216
WL2023015P	弗氏柠檬酸杆菌	0.25	1	256	32	4	8	1 024	≤0.06/1.2

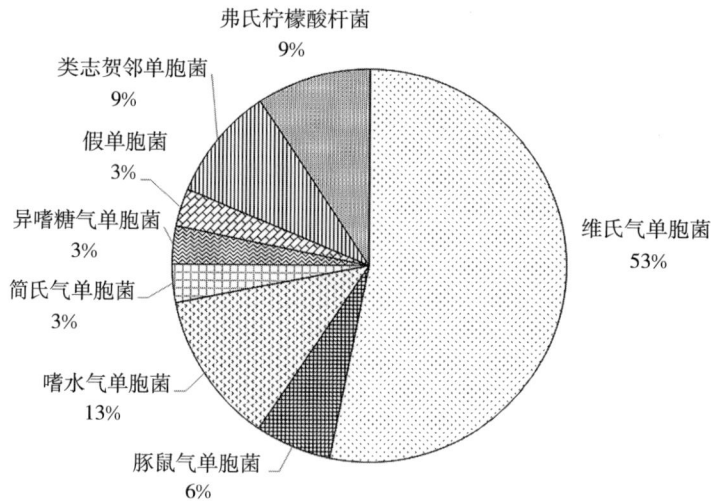

图1　武陵区病原菌种类分布

（2）不同品种病原菌耐药监测总体情况

①黄颡鱼病原菌耐药监测总体情况　本年度在黄颡鱼上采集到病原菌 16 株，其中气单胞菌 12 株。药物敏感性实验发现气单胞菌对恩诺沙星耐药率 8.33％、中介率 8.33％、敏感率 83.33％；对氟苯尼考耐药率 8.33％、敏感率 91.67％；对盐酸多西环素耐药率 8.33％、敏感率 91.67％；对磺胺间甲氧嘧啶钠耐药率 75.0％、敏感率 25.0％；对磺胺甲噁唑/甲氧苄啶耐药率 16.67％、敏感率 83.33％；对硫酸新霉素敏感率 100％；对甲砜霉素耐药率 16.67％、敏感率 83.33％。

②草鱼病原菌耐药监测总体情况　2023 年度在草鱼上采集到病原菌气单胞菌 6 株。药物敏感性实验发现其对恩诺沙星中介率 16.67％、敏感率 83.33％；对氟苯尼考耐药率 33.33％、敏感率 66.67％；对盐酸多西环素耐药率 16.67％、敏感率 83.33％；对磺胺间甲氧嘧啶钠耐药率 100％；对磺胺甲噁唑/甲氧苄啶耐药率 16.67％、敏感率 83.33％；对硫酸新霉素敏感率 100％；对甲砜霉素耐药率 50.00％、敏感率 50.00％。

③大口黑鲈病原菌耐药监测总体情况　2023 年在大口黑鲈上采集到病原菌 4 株，其中弗氏柠檬酸杆菌 1 株，维氏气单胞菌 3 株。耐药实验信息详细见表 4。

表 4　加州鲈病原菌耐药结果数据（μg/mL）

细菌编号	菌种鉴定	恩诺沙星	硫酸新霉素	甲砜霉素	氟苯尼考	盐酸多西环素	氟甲喹	磺胺间甲氧嘧啶钠	磺胺甲噁唑/甲氧苄啶
WL2023014P	弗氏柠檬酸杆菌	>32	1	>512	>512	>128	>256	>1 024	>64/1 216
WL2023031P1	维氏气单胞菌	4	1	2	0.5	0.5	128	512	≤0.06/1.2
WL2023031S	维氏气单胞菌	0.25	1	2	0.5	0.5	128	16	≤0.06/1.2
WL2023040FS	维氏气单胞菌	>32	1	>512	128	32	>256	>1 024	>64/1 216

④散鳞镜鲤病原菌耐药监测总体情况　2023 年度在散鳞镜鲤上采集到病原菌维氏气单胞菌 2 株。药物敏感性实验发现其对恩诺沙星、氟苯尼考、盐酸多西环素、磺胺甲噁唑/甲氧苄啶、硫酸新霉素、甲砜霉素敏感率均为 100％；对磺胺间甲氧嘧啶钠耐药率 100％。

⑤长吻鮠病原菌耐药监测总体情况　2023 年度在长吻鮠上采集到病原菌类志贺邻单胞菌 2 株。药物敏感性实验发现其对恩诺沙星、氟苯尼考、盐酸多西环素、磺胺间甲氧嘧啶、磺胺甲噁唑/甲氧苄啶、硫酸新霉素、甲砜霉素敏感率均为 100％。

⑥鲤病原菌耐药监测总体情况　2023 年度在鲤上采集到病原菌维氏气单胞菌 1 株。药物敏感性实验发现其对恩诺沙星、氟苯尼考、盐酸多西环素、磺胺甲噁唑/甲氧苄啶、硫酸新霉素、甲砜霉素敏感率均为 100％；对磺胺间甲氧嘧啶钠耐药率 100％。

⑦青鱼病原菌耐药监测总体情况　2023 年度在青鱼上采集到病原菌维氏气单胞

菌1株。药物敏感性实验发现其对恩诺沙星、氟苯尼考、盐酸多西环素、磺胺甲噁唑/甲氧苄啶、硫酸新霉素、甲砜霉素敏感率均为100%；对磺胺间甲氧嘧啶钠耐药率100%。

（3）各种抗菌药物对气单胞菌的MIC频数分布情况　8种抗菌药物对25株气单胞菌的MIC频数分布见表5至表10。

表5　恩诺沙星对气单胞菌的MIC频数分布（n＝25）

供试药物	不同药物浓度（μg/mL）下的菌株数（株）											
	≥32	≥16	8	4	2	1	0.5	0.25	0.125	0.06	0.03	≤0.015
恩诺沙星	1	0	0	2	0	2	2	2	3	9	0	4

表6　盐酸多西环素对气单胞菌的MIC频数分布（n＝25）

供试药物	不同药物浓度（μg/mL）下的菌株数（株）											
	128	64	32	16	8	4	2	1	0.5	0.25	0.125	≤0.06
盐酸多西环素	1	1	1	0	0	2	2	0	8	10	0	0

表7　硫酸新霉素、氟甲喹对气单胞菌的MIC频数分布（n＝25）

供试药物	不同药物浓度（μg/mL）下的菌株数（株）											
	≥256	128	64	32	16	8	4	2	1	0.5	0.25	≤0.125
硫酸新霉素	0	0	0	0	0	0	2	0	20	3	0	0
氟甲喹	5	4	0	0	0	0	0	6	4	2	0	4

表8　甲砜霉素、氟苯尼考对气单胞菌的MIC频数分布（n＝25）

供试药物	不同药物浓度（μg/mL）下的菌株数（株）											
	≥512	256	128	64	32	16	8	4	2	1	0.5	≤0.25
甲砜霉素	4	1	0	0	0	1	1	2	12	4	0	0
氟苯尼考	0	0	2	1	0	0	1	0	1	1	15	4

表9　磺胺间甲氧嘧啶钠对气单胞菌的MIC频数分布（n＝25）

供试药物	不同药物浓度（μg/mL）下的菌株数（株）										
	≥1 024	512	256	128	64	32	16	8	4	2	≤1
磺胺间甲氧嘧啶钠	19	2	0	2	0	0	1	1	0	0	0

表10　磺胺甲噁唑/甲氧苄啶对气单胞菌的MIC频数分布（n＝25）

供试药物	药物浓度（μg/mL）和菌株数（株）										
	≥1 216/64	≥608/32	304/16	152/8	76/4	38/2	19/1	9.5/0.5	4.8/0.25	2.4/0.12	≤1.2/0.06
磺胺甲噁唑/甲氧苄啶	4	0	0	0	0	0	0	0	0	10	11

三、分析与建议

2023 年度采集到的病原菌仅 32 株，从黄颡鱼采集到病原菌较多，从鲤采集到的病原菌较少，在弘达公司 1 号池塘采集到病原菌较多，在蔡坝组 1 号池塘和刘琴养殖场 2 号池塘采集到病原菌较少。耐药性监测结果显示，各种病原菌对磺胺间甲氧嘧啶钠耐药性较强，耐药率达到 84.37％，对硫酸新霉素比较敏感，敏感率达 100％。从单个病原菌看，异嗜糖气单胞菌对各种抗菌药物耐药性相对较弱，仅对磺胺间甲氧嘧啶钠耐药；从采样点看，圣业公司 3 号池塘采集到的病原菌耐药性相对较强，刘琴养殖场 2 号池塘采集到的病原菌耐药性相对较弱；从采样品种看，从大口黑鲈采集到的病原菌耐药性较强，从散鳞镜鲤采集到的病原菌耐药性相对较弱。

从以上结果不难看出：养殖密度大、使用水产抗菌药物频繁的采样点和采样品种，其病原菌耐药性普遍强于养殖密度小、很少使用水产抗菌药物的采样点和采样品种。

为了有效遏制武隆区水生物病原菌耐药性发展，提出以下几点建议：

1. 加大水产养殖动物病原菌监测范围

（1）增加水产养殖动物病原菌耐药性监测品种 武隆区水产养殖品种多达 30 余种，由于各种养殖品种养殖模式、抗病力不同，致病的病原菌不同，不种病原菌耐药性不同，因而建议增加监测的水产养殖动物品种，尽量做到养殖品种全覆盖，才能更加准确了解全区水产养殖动物病原菌耐药性具体情况。

（2）增加水产养殖动物病原菌耐药性监测点 全区水产养殖户约 800 户，养殖场海拔高度差异大、养殖模式各异、养殖品种多、苗种来源不同、管理水平不同、水产抗菌药物使用情况不同，各养殖户水产动物病原菌耐药性差异大，仅对 5 家养殖场进行采样监测，所采集到的病原菌代表性不强，建议增加水产养殖动物耐药性监测点。

2. 养殖户在采购苗种时选择正规的苗种场

正规的水产苗种场苗种亲本来源清楚，苗种品质较好，使用水产抗菌药物比较规范，苗种抗病力较强，病原菌耐药性较弱。

3. 合理控制养殖密度

养殖密度过大，养殖水质差，养殖水体中病原菌种类多、密度大，水产养殖动物体质差、抗病力弱、发病概率高，使用水产抗菌药的频率高，病原菌耐药性增加。合理控制养殖密度可以降低水产养殖动物病害发生，降低水产抗菌药物的使用频率，减少耐药性的发生。

4. 不能把水产抗菌药作为预防药使用

把水产抗菌药作为疾病预防药使用，将大大增加水产抗菌药的使用频率，造成残留药物在水产养殖动物体内积累，容易产生耐药。

5. 能用窄谱抗菌药物就不用广谱抗菌药物

虽然广谱抗菌药物抑菌或杀菌范围较广，在治疗疾病过程中效果可能更好，但其在抑制或杀灭病原菌的同时也会破坏水产养殖动物的正常菌群，影响其正常生理活动，使更多的病原菌产生耐药。

6. 根据耐药性监测结果或进行药敏实验后选择使用水产抗菌药物

耐药性监测或药敏实验结果可以了解病原菌的耐药情况，了解抑制或杀灭病原菌的水产抗菌药品种和有效浓度，可以为治疗疾病提供有效参考，便于提高治疗效果，减少耐药性的发生。

7. 尽量采用中草药治疗疾病

中草药是天然物质，保留了各种成分的生物活性，其成分易吸收利用，不会污染水环境，也不易产生耐药性。

2023年云阳县水产养殖动物主要病原菌耐药性监测分析报告

李长江[1]　王进国[1]　柯　淼[2]

（1. 云阳县水产技术推广站　2. 云阳县双土镇人民政府）

云阳县位于重庆市东北部，地处三峡库区腹地，境内河流众多，水系发达，常年雨量充沛，较适合渔业生产和发展。2022年，全县水产养殖面积 2 946hm²，水产品产量 12 100t，渔业经济总产值 44 173 万元。

2023年，农业农村部要求推进水产养殖用药减量行动，开展水产养殖动物主要病原菌耐药性监测。为助力云阳县水产养殖用药减量，了解、掌握区域内水产养殖主要病原菌对渔用抗菌药物的耐药性情况及其变化规律，指导水产养殖从业人员科学使用渔用抗菌药物，推动渔业绿色高质量发展，在南溪镇、平安镇等 8 个水产养殖区域，重点从草鱼、鲤、鲫、黄颡鱼等 8 个养殖品种中分离得到维氏气单胞菌、嗜水气单胞菌等 6 种病原菌，并测定其对 8 种水产用抗菌药物的敏感性，具体结果如下。

一、材料与方法

1. 样品采集

2023年 6—10 月，在南溪、平安、江口、路阳、黄石、高阳、养鹿、石门等 8 个乡镇的 20 个水产养殖场现场采集到 75 份鱼样，涉及青鱼、草鱼、鲢、鳙、鲤、鲫、鳊、黄颡鱼等 8 个养殖品种，涉及鳃、肝脏、肾脏、脾脏等 4 种组织。75 份鱼样中有明显病症且发病的 11 份，无明显病症的 64 份。

2. 病原菌分离筛选

将采集到的鱼样，用 75% 乙醇将鱼体表黏液除去，在无菌条件下进行解剖。每份鱼样选取 3 条鱼，随机取出其鳃、肝脏、肾脏、脾脏等 4 种不同组织中的 1～4 种，分别接种于脑心浸出液 BHI 培养基，28℃恒温培养 12～24h。将培养后的样品划线接种于脑心浸出液 BHI 琼脂平板 28℃恒温培养 24h，挑取单菌落再次接种于脑心浸出液 BHI 培养基 28℃恒温培养 12h。

3. 病原菌鉴定及保存

通过核酸提取试剂盒提取纯化细菌的核酸，使用细菌通用引物扩增其 16S rDNA，测序比对，确定种属。纯化后的细菌菌液以 1∶1 的比例和无菌 50% 甘油混合保种，存放于 −80℃冰箱保存。

4. 测试药物

选用恩诺沙星、硫酸新霉素、甲砜霉素、氟苯尼考、盐酸多西环素、氟甲喹、磺胺间甲氧嘧啶钠、磺胺甲噁唑/甲氧苄啶 8 种国务院兽医主管部门批准的水产养殖用抗菌药物。

二、药敏测试结果

1. 病原菌分离鉴定总体情况

75 份鱼样的鳃、肝脏、肾脏、脾脏等 4 种不同组织经培养、分离、纯化、鉴定，共提取到 30 株病原菌，具体为：维氏气单胞菌 21 株（弧菌科）、嗜水气单胞菌 4 株（弧菌科）、温和气单胞菌 1 株（弧菌科）、类志贺邻单胞菌 2 株（肠杆菌科）、蜡样芽孢杆菌 1 株（芽孢杆菌科）、肺炎克雷伯氏菌 1 株（肠杆菌科）。维氏气单胞菌占分离致病菌总数的 70％（图 1），表明云阳县养殖水环境中优势病原菌为维氏气单胞菌。

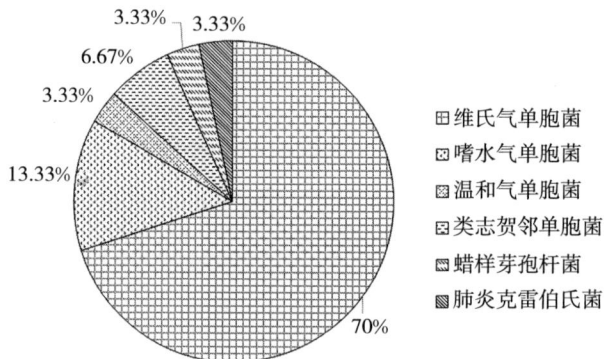

图 1　分离病原菌分类统计

2. 病原菌对不同抗菌药物的耐药性分析

（1）病原菌耐药监测总体情况　2023 年度采集到病原菌共 30 株，其中气单胞菌 26 株。

供试药物种类有恩诺沙星、硫酸新霉素、甲砜霉素、氟苯尼考、盐酸多西环素、氟甲喹、磺胺间甲氧嘧啶、甲氧苄啶＋磺胺甲噁唑。

气单胞菌对 8 种水产用抗菌药物的敏感性总体情况见表 1。总体上，云阳县鱼源气单胞菌对盐酸多西环素和甲氧苄啶＋磺胺甲噁唑的敏感性最高，敏感率均为 96.15％；对磺胺间甲氧嘧啶钠的敏感性最低，耐药率高达 30.77％。磺胺间甲氧嘧啶钠对气单胞菌的 MIC_{90} 为＞1 024μg/mL，远高于敏感折点。气单胞菌对恩诺沙星、硫酸新霉素、甲砜霉素和氟苯尼考的敏感性处于较高水平，耐药率分别为 3.85％、3.85％、19.23％ 和 15.38％。四种药物对气单胞菌的 MIC_{90} 分别为 1μg/mL、4μg/mL、＞512μg/mL 和 32μg/mL。

此外，分离得到的 1 株蜡样芽孢杆菌对甲砜霉素表现出耐药性；分离得到的 1 株类志贺邻单胞菌对磺胺间甲氧嘧啶表现出耐药性；分离得到的 1 株肺炎克雷伯氏菌对氟苯尼考和甲砜霉素表现出耐药性。

表 1　气单胞菌耐药性监测总体情况表（$n=26$）

供试药物	MIC$_{50}$（$\mu g/mL$）	MIC$_{90}$（$\mu g/mL$）	耐药率（%）	中介率（%）	敏感率（%）	耐药性判定参考值（$\mu g/mL$）		
						耐药折点	中介折点	敏感折点
恩诺沙星	0.06	1	3.85	11.54	84.61	≥4	1~2	≤0.5
硫酸新霉素	1	4	3.85	3.85	92.3	≥16	8	≤4
甲砜霉素	2	>512	19.23	0	80.77	≥16	—	≤8
氟苯尼考	0.5	32	15.38	0	84.62	≥8	4	≤2
盐酸多西环素	0.5	2	3.85	0	96.15	≥16	8	≤4
氟甲喹	2	64	—	—	—	—	—	—
磺胺间甲氧嘧啶	64	>1 024	30.77	0	69.23	≥512	—	≤256
甲氧苄啶+磺胺甲噁唑	≤0.06/1.2	0.125/2.4	3.85	0	96.15	≥76/4	—	≤38/2

（2）病原菌对不同药物的敏感性　各抗菌药物对 30 株病原菌的 MIC 频数分布见表 2 至表 7。恩诺沙星对菌株的 MIC 分布为 2 株在 0.015μg/mL 以下，其余菌株集中分布在 0.03～4μg/mL；盐酸多西环素对菌株的 MIC 分布在 0.125～16μg/mL；硫酸新霉素对菌株的 MIC 分布在 0.25～32μg/mL，主要集中分布在 0.5μg/mL 和 1μg/mL；氟甲喹对菌株的 MIC 分布在三个区间，对其中 1 株菌的 MIC 分布在 ≤0.125μg/mL，对 8 株菌的 MIC 分布在 32～64μg/mL，对其他菌株的 MIC 分布在 0.25～4μg/mL；甲砜霉素对菌株的 MIC 分布主要集中在 1～2μg/mL；氟苯尼考对菌株的 MIC 分布主要集中在 ≤0.25～0.5μg/mL；磺胺间甲氧嘧啶钠对 1 株菌的 MIC 为 ≤1μg/mL，其余菌株分布在 4～≥1 024μg/mL；磺胺甲噁唑/甲氧苄啶对菌株的 MIC 分布主要在三个区间，对 1 株菌的 MIC 分布在 ≥1 216/64μg/mL，6 株菌分布在 2.4/0.12μg/mL，对 23 株菌的 MIC 为 ≤1.2/0.06μg/mL。

表 2　恩诺沙星对病原菌的 MIC 频数分布（$n=30$）

供试药物	不同药物浓度（$\mu g/mL$）下的菌株数（株）											
	≥32	≥16	8	4	2	1	0.5	0.25	0.125	0.06	0.03	≤0.015
恩诺沙星	0	0	0	1	1	2	1	5	5	10	3	2

表 3　盐酸多西环素对病原菌的 MIC 频数分布（$n=30$）

供试药物	不同药物浓度（$\mu g/mL$）下的菌株数（株）											
	≥128	64	32	16	8	4	2	1	0.5	0.25	0.125	≤0.06
盐酸多西环素	0	0	0	1	0	2	10	1	5	10	1	0

表 4　硫酸新霉素、氟甲喹对病原菌的 MIC 频数分布（n＝30）

供试药物	不同药物浓度（μg/mL）下的菌株数（株）											
	≥256	128	64	32	16	8	4	2	1	0.5	0.25	≤0.125
硫酸新霉素	0	0	0	1	0	2	1	1	18	6	1	0
氟甲喹	0	0	4	4	0	0	2	6	10	2	1	1

表 5　甲砜霉素、氟苯尼考对病原菌的 MIC 频数分布（n＝30）

供试药物	不同药物浓度（μg/mL）下的菌株数（株）											
	≥512	256	128	64	32	16	8	4	2	1	0.5	≤0.25
甲砜霉素	4	0	1	0	1	1	0	1	10	12	0	0
氟苯尼考	0	0	0	2	2	1	0	0	1	1	9	14

表 6　磺胺间甲氧嘧啶钠对病原菌的 MIC 频数分布（n＝30）

供试药物	药物浓度（μg/mL）和菌株数（株）										
	≥1 024	512	256	128	64	32	16	8	4	2	≤1
磺胺间甲氧嘧啶钠	9	0	4	0	5	3	2	4	2	0	1

表 7　磺胺甲噁唑/甲氧苄啶对病原菌的 MIC 频数分布（n＝30）

供试药物	药物浓度（μg/mL）和菌株数（株）										
	≥1 216/64	≥608/32	304/16	152/8	76/4	38/2	19/1	9.5/0.5	4.8/0.25	2.4/0.12	≤1.2/0.06
磺胺甲噁唑/甲氧苄啶	1	0	0	0	0	0	0	0	0	6	23

3. 耐药菌株来源地分析

对耐药菌株的来源地进行分析，结果表明来源于云阳县石门乡兴柳村经济联合社的菌株对除盐酸多西环素之外的 7 种药物均有耐药性，表现出明显的耐药性差异。对甲砜霉素、氟苯尼考和磺胺间甲氧嘧啶钠耐药的菌株未表现出来源地差异，多个采样点都存在耐药菌株。见表 8。

表 8　耐药菌株来源地分布

耐药种类	来源地
恩诺沙星耐药菌株	云阳县石门乡兴柳村经济联合社
硫酸新霉素耐药菌株	云阳县石门乡兴柳村经济联合社
甲砜霉素耐药菌株	云阳县南溪镇石渠村（贺×） 云阳县养鹿镇中山村（蒲××） 云阳县清顺水产养殖专业合作社 云阳县石门乡兴柳村经济联合社 云阳县下河坝生态养殖专业合作社

（续）

耐药种类	来源地
氟苯尼考耐药菌株	云阳县南溪镇石渠村（贺×）
	云阳县清顺水产养殖专业合作社
	云阳县石门乡兴柳村经济联合社
	云阳县下河坝生态养殖专业合作社
盐酸多西环素耐药菌株	云阳县清顺水产养殖专业合作社
磺胺间甲氧嘧啶钠耐药菌株	云阳县活平水产养殖专业合作社
	云阳县石门乡兴柳村经济联合社
	云阳县兴云水产养殖专业合作社
	云阳县厚颌鲂农业开发有限公司
	云阳县下河坝生态养殖专业合作社
	云阳县江口镇五星村（唐××）
磺胺甲噁唑/甲氧苄啶耐药菌株	云阳县石门乡兴柳村经济联合社

三、分析与建议

总体分析，重庆市云阳县 2023 年分离的气单胞菌对恩诺沙星、硫酸新霉素、甲砜霉素和氟苯尼考的敏感性处于较高水平，4 种抗菌药物可以作为养殖生产中治疗气单胞菌引起的疾病的首选药物。恩诺沙星、盐酸多西环素、硫酸新霉素、氟苯尼考、甲砜霉素对气单胞菌的 MIC 集中在低浓度区，但偶见耐药菌株，可根据实际情况，谨慎选择适宜药物。磺胺间甲氧嘧啶钠对分离的气单胞菌的 MIC 大多在 $1\,024\,\mu g/mL$ 以上，气单胞菌对此药物有较强的耐药性，不建议在养殖生产中使用该药物进行治疗。

不同地区、不同养殖条件下分离的致病菌对抗菌药物的敏感性也存在差异。云阳县分离的气单胞菌耐药菌株来源分析结果表明，来源于云阳县石门乡兴柳村经济联合社的菌株对除盐酸多西环素之外的 7 种药物均有耐药性，表现出明显的耐药性差异；对甲砜霉素、氟苯尼考和磺胺间甲氧嘧啶钠耐药的菌株未表现出来源地差异，多个采样点都存在耐药菌株。在选择抗菌药物时，需要根据养殖场的实际情况及鱼塘的用药史科学选择抗菌药物。

在养殖生产中应合理使用抗菌药物，超剂量或滥用抗菌药物会导致养殖水环境中的耐药菌株增多；加强用药前的药敏试验，根据药敏试验结果，有针对性地选择敏感药物。只有用药敏试验结果来指导实际用药，才能做到药到病除，减少耐药菌株的产生，延长抗生素的有效使用周期；轮换交替用药可以有效减少耐药菌株的增多，能取得较好的治疗效果。

以上数据仅限于云阳县 8 个乡镇的 20 个水产养殖场，不能完全代表云阳县的整体情况，需要更广泛地采集养殖区域样本，连续监测病原菌耐药性动态变化情况，才能提出更加科学的用药建议。

2023年巫溪县水产养殖动物主要病原菌耐药性监测分析报告

杨　亚　杜一丹　郑云才

（巫溪县水产技术推广站）

为了解、掌握水产养殖动物主要病原菌对渔用抗菌药物的耐药性情况及其变化规律，指导科学使用渔用抗菌药物，提高细菌性病害防控成效，推动渔业绿色高质量发展，2023年巫溪县重点从草鱼、鲤、鲫、鲈等养殖品种中分离得到维氏气单胞菌、豚鼠气单胞菌、嗜水气单胞菌等病原菌，并测定其对8种水产用抗菌药物的敏感性，具体结果如下。

一、材料与方法

1. 样品采集

选取巫溪县内有代表性的养殖场及主要养殖品种（草鱼、鲤、鲫、鲈等）进行采集。对于已发病且出现明显病症的养殖动物，重点从病灶处采集样本；对于濒死的养殖动物，重点从体表和内脏采集样本；对于健康无症状的养殖动物，重点从脾脏、肝脏和肾脏采集样本。

2. 病原菌分离筛选

无病症时将鱼解剖后，取其肝脏、脾脏、肾脏和鳃4种组织样本；有病症时取病灶部位和肝脏、脾脏、肾脏和鳃。将样品的组织样本划线接种于血平板，28℃培育24h，挑取具有β溶血圈的单菌落接种至BHI液体培养基中28℃培育24h。

3. 病原菌鉴定及保存

通过核酸提取试剂盒提取纯化细菌的核酸，使用细菌通用引物扩增其16S rDNA，测序比对，确定属种。纯化后的细菌菌液以1∶1的比例和无菌50％甘油混合保种，于−80℃冰箱保存。

二、药敏测试结果

1. 病原菌分离鉴定总体情况

如图1所示，巫溪县全年共分离出病原菌38株，其中维氏气单胞菌35株，占比92％；嗜水气单胞菌2株，占比5％；豚鼠气单胞菌1株，占比3％。

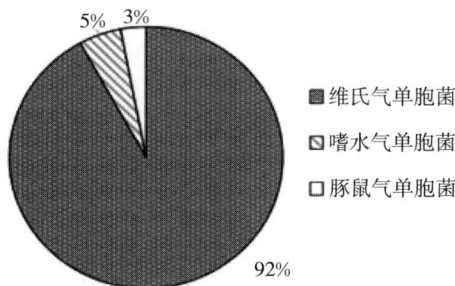

图 1　分离病原菌分类统计

2. 气单胞菌属对不同抗菌药物的耐药性影响

如图 2 所示，气单胞菌属对恩诺沙星、氟苯尼考、盐酸多西环素、磺胺间甲氧嘧啶钠、磺胺甲噁唑/甲氧苄啶、硫酸新霉素、甲砜霉素的耐药率分别为 0、21.05%、2.63%、44.74%、10.53%、0、21.05%，其中对磺胺间甲氧嘧啶钠的耐药率最高，达 44.74%；敏感率分别为 94.74%、78.95%、97.37%、55.26%、89.47%、100%、78.95%，其中对硫酸新霉素的敏感率最高，达 100%；气单胞菌属对恩诺沙星的中介率为 5.26%，其余抗菌药物均为 0；气单胞菌属对氟甲喹的耐药率、中介率、敏感率未检测出。

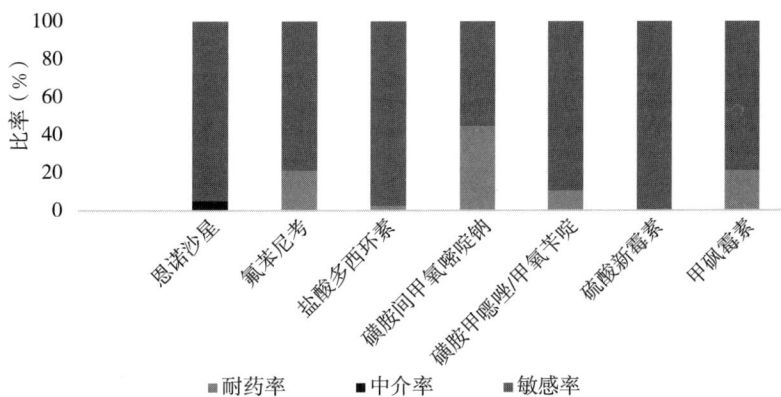

图 2　气单胞菌耐药监测总体情况

3. 不同抗菌药物对气单胞菌属的 MIC 影响

（1）抗菌药物对气单胞菌属的 MIC_{50} 和 MIC_{90} 统计分析　恩诺沙星对测定病原菌的 MIC_{50} 和 MIC_{90} 分别小于 $1\mu g/mL$ 和 $3\mu g/mL$。甲砜霉素、氟苯尼考、磺胺间甲氧嘧啶钠、磺胺甲噁唑/甲氧苄啶对病原菌的 MIC_{90} 较高，具体结果见表 1。

（2）气单胞菌属对抗菌药物的敏感性　恩诺沙星对菌株的 MIC 分布为 19 株菌在 $0.015\mu g/mL$ 以下，其余菌株分布在 $0.03\sim2\mu g/mL$；盐酸多西环素对菌株的 MIC 主要分布在 $0.125\sim4\mu g/mL$；硫酸新霉素对菌株的 MIC 分布在 $0.5\sim4\mu g/mL$，主要集中分布在 $1\mu g/mL$；硫酸新霉素对菌株的 MIC 分布在 $0.5\sim4\mu g/mL$，主要集中分布在 $1\mu g/mL$；氟甲喹对菌株的 MIC 分布为 19 株菌在 $0.125\mu g/mL$ 以下，其余菌株分布在0.5～64μg/mL；甲砜霉素对菌株的MIC分布为7株在512μg/mL以上，其余菌株主要分布在1～2μg/mL；氟苯尼考对菌株的MIC分布在2个区间，对8株菌的MIC分布在16～64μg/mL，30株菌分布在≤0.25～1μg/mL；磺胺间甲氧嘧啶钠对菌株的MIC分布为16株菌在1 024μg/mL以下，其余菌株分布在2～512μg/mL；磺胺甲噁唑/甲氧苄啶对菌株的MIC分布在两个区间，对4株菌的MIC分布在1 216/64μg/mL以上，34株菌分布在≤1.2/0.06～2.4/0.12μg/mL。恩诺沙星、硫酸新霉素、盐酸多西环素对气单胞菌属具有较强的抑制作用，甲砜霉素、磺胺间甲氧嘧啶钠、磺胺甲噁唑/甲氧苄啶对病原菌的MIC_{90}超过检测上限。详细数据见表1至表7。

表1 气单胞菌属耐药性监测总体情况表（$n=38$）

供试药物	MIC_{50} (μg/mL)	MIC_{90} (μg/mL)	耐药率 (%)	中介率 (%)	敏感率 (%)	耐药性判定参考值（μg/mL）		
						耐药折点	中介折点	敏感折点
恩诺沙星	0.015	0.25	0	5.26	94.74	≥4	1～2	≤0.5
氟苯尼考	0.5	32	21.05	0	78.95	≥8	4	≤2
盐酸多西环素	0.25	4	2.63	0	97.37	≥16	8	≤4
磺胺间甲氧嘧啶钠	256	1 024	44.74	0	55.26	≥512	—	≤256
磺胺甲噁唑/甲氧苄啶	0.06/1.2	64/1 216	10.53	0	89.47	≥76/4	—	≤38/2
硫酸新霉素	1	2	0	0	100	≥16	8	≤4
甲砜霉素	2	512	21.05	0	78.95	≥16	—	≤8
氟甲喹	0.125	4	0	0	0	—	—	—

注："—"表示无折点；耐药性判定参考值只适用于气单胞菌、弧菌、假单胞菌、爱德华氏菌等革兰氏阴性菌，其他细菌可只统计MIC_{50}和MIC_{90}。

表2 恩诺沙星对气单胞菌属的MIC频数分布（$n=38$）

供试药物	不同药物浓度（μg/mL）下的菌株数（株）											
	≥32	≥16	8	4	2	1	0.5	0.25	0.125	0.06	0.03	≤0.015
恩诺沙星	0	0	0	0	1	1	0	3	2	10	2	19

表3 盐酸多西环素对气单胞菌属的MIC频数分布（$n=38$）

供试药物	不同药物浓度（μg/mL）下的菌株数（株）											
	128	64	32	16	8	4	2	1	0.5	0.25	0.125	≤0.06
盐酸多西环素	0	1	0	0	0	4	3	2	5	20	3	0

表4 硫酸新霉素、氟甲喹对气单胞菌属的MIC频数分布（$n=38$）

供试药物	不同药物浓度（μg/mL）下的菌株数（株）											
	≥256	128	64	32	16	8	4	2	1	0.5	0.25	≤0.125
硫酸新霉素	0	0	0	0	0	0	3	5	27	3	0	0
氟甲喹	0	0	1	2	0	0	2	2	9	3	0	19

表 5　甲砜霉素、氟苯尼考对气单胞菌属的 MIC 频数分布（$n=38$）

供试药物	不同药物浓度（μg/mL）下的菌株数（株）											
	≥512	256	128	64	32	16	8	4	2	1	0.5	≤0.25
甲砜霉素	7	1	0	0	0	0	1	0	15	14	0	0
氟苯尼考	0	0	0	3	4	1	0	0	0	1	12	17

表 6　磺胺间甲氧嘧啶钠对气单胞菌属的 MIC 频数分布（$n=38$）

供试药物	不同药物浓度（μg/mL）下的菌株数（株）										
	≥1 024	512	256	128	64	32	16	8	4	2	≤1
磺胺间甲氧嘧啶钠	16	1	3	3	3	4	4	3	0	1	0

表 7　磺胺甲噁唑/甲氧苄啶对气单胞菌属的 MIC 频数分布（$n=38$）

供试药物	药物浓度（μg/mL）和菌株数（株）										
	≥1 216/64	≥608/32	304/16	152/8	76/4	38/2	19/1	9.5/0.5	4.8/0.25	2.4/0.12	≤1.2/0.06
磺胺甲噁唑/甲氧苄啶	4	0	0	0	0	0	0	0	0	2	32

三、分析与建议

2023 年度耐药性监测地区基本包括了巫溪县水产养殖主要区域，采集的样品主要来自各地区的主要养殖品种，主要监测到维氏气单胞菌、豚鼠气单胞菌、嗜水气单胞菌等病原菌。

恩诺沙星、硫酸新霉素、氟甲喹、氟苯尼考对巫溪县 2023 年分离病原菌的抑制效果较强，其中以恩诺沙星的表现效果最好且最稳定。

加强健康养殖管理，坚持"以防为主、防治结合"的鱼病防治方针，减少水生动物疾病的发生，同时提高从业者水生动物疾病的诊断水平。

2023年石柱县水产养殖动物主要病原菌耐药性监测分析报告

李 杰

（石柱土家族自治县畜牧产业发展中心）

为了掌握石柱县水产养殖主要病原菌对渔用抗菌药物的耐药性情况及其变化规律，指导科学使用渔用抗菌药物，提高细菌性病害防控成效，推动渔业绿色高质量发展，石柱县将重点养殖企业（户）中采集的样品送检，分离到维氏气单胞菌、嗜水气单胞菌、气单胞菌等5种病原菌，并对8种水产用抗菌药物的耐药性进行了测定，具体结果如下。

一、材料与方法

1. 样品采集

在重庆市石柱县设置3个固定采样点，分别是澎湖湾水产养殖场、老鸹滩水产养殖场和成红农业专业合作社。2023年4—10月从采样点各采样一次。采样鱼种为鲫、草鱼、鲤和团头鲂，每个样品2～4尾鱼。采集样品时记录渔场的发病情况、用药情况和鱼类死亡情况等信息。

2. 病原菌分离筛选

在无菌超净台上，取无病症鱼的肝脏、脾脏、肾脏和鳃组织，有病症时取病灶部位、肝脏、脾脏、肾脏和鳃组织。将组织样品划线接种于血琼脂平板，28℃培养24h，挑取具有β溶血圈的单菌落接种至BHI液体培养基中28℃培养24h。

3. 病原菌鉴定及保存

通过DNA提取试剂盒提取细菌的DNA，使用细菌16S rRNA的通用引物27F和1492R进行PCR扩增，对扩增产物进行测序，测序结果在NCBI平台进行序列同源性分析，确定细菌的属种。纯化后的细菌菌液以1∶1的比例和50%无菌甘油混合，于−80℃冰箱长期保存。

二、药敏测试结果

1. 病原菌分离鉴定总体情况

2023年石柱县送检样品共检测出各类菌株30株，其中维氏气单胞菌25株，嗜水气单胞菌1株，未鉴定到种的气单胞菌1株，弗氏柠檬酸杆菌2株，中间气单胞菌1株。

2. 病原菌对不同抗菌药物的耐药性分析

（1）病原菌耐药监测总体情况 2023 年共分离出 30 株病原菌，28 株气单胞菌，2 株弗氏柠檬酸杆菌。28 株气单胞菌株对盐酸多西环素敏感性最高，敏感率为 100％；恩诺沙星、硫酸新霉素、氟苯尼考、磺胺甲噁唑/甲氧苄啶的敏感率在 89％以上；对磺胺间甲氧嘧啶钠敏感性最低，为 67.86％，磺胺间甲氧嘧啶钠对气单胞菌的 MIC_{90} 为＞1 024μg/mL，远高于敏感折点，具体数据表 1。弗氏柠檬酸杆菌具体数据见表 2。

表 1　气单胞菌耐药性监测总体情况（$n=28$）

供试药物	MIC_{50} （μg/mL）	MIC_{90} （μg/mL）	耐药率 （％）	中介率 （％）	敏感率 （％）	耐药性判定参考值（μg/mL）		
						耐药折点	中介折点	敏感折点
恩诺沙星	0.06	0.25	0	3.57	96.43	≥2	1—2	≤0.5
氟苯尼考	0.5	32	10.71	0	89.29	≥8	4	≤2
盐酸多西环素	0.25	2	0	0	100	≥16	8	≤4
磺胺间甲氧嘧啶钠	128	＞1 024	32.14	—	67.86	≥512	—	≤256
磺胺甲噁唑/甲氧苄啶	≤0.06/1.2	0.125/2.4	3.57	—	96.43	≥76/4	—	≤38/2
甲砜霉素	2	≥512	10.71	0	89.29	≥16	—	≤8
氟甲喹	1	16	—	—	—	—	—	—
硫酸新霉素	1	2	3.57	0	96.43	≥16	8	≤4

注："—"表示无折点。

表 2　弗氏柠檬酸杆菌对不同抗菌药物的 MIC

细菌编号	菌种鉴定	恩诺沙星	硫酸新霉素	氟甲喹	甲砜霉素	氟苯尼考	盐酸多西环素	磺胺间甲氧嘧啶钠	磺胺甲噁唑/甲氧苄啶
SZ2023002G	弗氏柠檬酸杆菌	0.5	0.5	＞512	＞512	16	8	＞1 024	＞64/1 216
SZ2023002P	弗氏柠檬酸杆菌	0.5	0.5	＞512	＞512	16	8	＞1 024	＞64/1 216

（2）气单胞菌对不同药物的敏感性 石柱县分离的 28 株气单胞菌对 8 种抗菌药物的敏感性有所不同。8 种抗菌药对气单胞菌 MIC 频数分布见表 3 至表 8。可以看出，石柱县的总体药物敏感性表现较好，恩诺沙星、盐酸多西环素、硫酸新霉素、氟甲喹、甲砜霉素、氟苯尼考和磺胺甲噁唑/甲氧苄啶对气单胞菌的 MIC 主要分布在低浓度。数据显示恩诺沙星、盐酸多西环素两种抗菌药物在治疗上具有较好的效果，甲砜霉素、氟苯尼考、磺胺甲噁唑/甲氧苄啶的耐药性需要注意，对磺胺间甲氧嘧啶钠的耐药性较高。在养殖过程中，使用药物可以优先选择恩诺沙星、盐酸多西环素。

表3　恩诺沙星对气单胞菌的MIC频数分布（n＝28）

供试药物	不同药物浓度（μg/mL）下的菌株数（株）											
	≥32	≥16	8	4	2	1	0.5	0.25	0.125	0.06	0.03	≤0.015
恩诺沙星	0	0	0	0	1	0	0	2	9	9	0	7

表4　盐酸多西环素对气单胞菌的MIC频数分布（n＝28）

供试药物	不同药物浓度（μg/mL）下的菌株数（株）											
	128	64	32	16	8	4	2	1	0.5	0.25	0.125	≤0.06
盐酸多西环素	0	0	0	0	0	2	3	1	4	15	3	0

表5　硫酸新霉素、氟甲喹对气单胞菌的MIC频数分布（n＝28）

供试药物	不同药物浓度（μg/mL）下的菌株数（株）											
	≥256	128	64	32	16	8	4	2	1	0.5	0.25	≤0.125
硫酸新霉素	0	0	1	0	0	0	0	3	19	4	0	1
氟甲喹	0	1	0	1	3	2	0	3	11	0	1	6

表6　甲砜霉素、氟苯尼考对气单胞菌的MIC频数分布（n＝28）

供试药物	不同药物浓度（μg/mL）下的菌株数（株）											
	≥512	256	128	64	32	16	8	4	2	1	0.5	≤0.25
甲砜霉素	3	0	0	0	0	0	0	0	12	13	0	0
氟苯尼考	0	0	0	0	3	0	0	0	0	2	11	12

表7　磺胺间甲氧嘧啶钠对气单胞菌的MIC频数分布（n＝28）

供试药物	不同药物浓度（μg/mL）下的菌株数（株）										
	≥1 024	512	256	128	64	32	16	8	4	2	≤1
磺胺间甲氧嘧啶钠	8	1	3	4	0	8	2	1	1	0	0

表8　磺胺甲噁唑/甲氧苄啶对气单胞菌的MIC频数分布（n＝28）

供试药物	药物浓度（μg/mL）和菌株数（株）										
	≥1 216/64	≥608/32	304/16	152/8	76/4	38/2	19/1	9.5/0.5	4.8/0.25	2.4/0.125	≤1.2/0.06
磺胺甲噁唑/甲氧苄啶	1	0	0	0	0	0	0	0	0	4	23

三、分析与建议

从2023年检测结果来看，石柱县水产养殖动物主要病原菌对恩诺沙星、盐酸多西环素这两种抗菌药物更为敏感，对甲砜霉素、氟苯尼考、磺胺甲噁唑/甲氧苄啶的耐药性需要注意，对磺胺间甲氧嘧啶钠的耐药性则较为普遍。针对这一结果，石柱县将采取以下措施遏制病原菌耐药性发展：

（1）努力提高养殖户对微生物耐药认知　通过媒体、网络信息平台、现场培训等方式，加大对微生物耐药性的宣传，提高从业者对微生物耐药的认知。

（2）强化技术培训的实用性　提升养殖业主养殖水平，尽量做到精细化管理，减少疾病发生。

（3）坚持慎用抗菌药物　在无法避免使用抗菌药物的情况下，要求养殖业主准确诊断后再合理用药，避免乱用滥用现象发生。

抗生素耐药性形成和传播最主要原因是滥用或过度使用现有抗生素药物，石柱县就水产养殖行业耐药性问题提出以下建议：

（1）增加耐药性研究的投入，提高、改进投喂技术水平，减少药物使用对环境的影响。

（2）严禁使用国家禁用的药物，加大对禁用药物和已批准水产养殖用兽药休药期的监管力度。

（3）遏制抗生素作为防治鱼病的预防用药，减少在水产养殖领域对抗菌药物的大规模使用，防止水生动物出现获得性耐药风险。

（4）推行健康养殖模式，推进养殖模式转型升级，减少水生动物疾病发生。这是减少用药最根本的措施。

附录一　水生动物细菌性病原鉴定技术规范

标准编号：DB50/T 1606—2024
发布单位：重庆市市场监督管理局
发布时间：2024-07-08
实施时间：2024-10-08

0　前言

本文件按照 GB/T 1.1—2020《标准化工作导则　第 1 部分：标准化文件的结构和起草规则》的规定起草。

本文件的某些内容可能涉及专利。本文件的发布机构不承担识别专利的责任。

本文件由重庆市水产技术推广总站提出。

本文件由重庆市农业农村委员会归口并组织实施。

本文件起草单位：重庆市水产技术推广总站、中国水产科学研究院长江水产研究所、西南大学、重庆市水产学会。

本文件主要起草人：张利平、王波、李虹、梅会清、翟旭亮、周勇、廖雨华、陈洁、马龙强、冯俊、薛明洋、薛洋、吴晓清、周春龙、何忠谊、徐凤、甘婷婷、陈波、刘晓莉、梅建西。

1　范围

本文件规定了水生动物细菌性病原鉴定的试剂、仪器设备、鉴定方法和无害化处理等技术要求。

本文件适用于水生动物细菌性病原鉴定和相关疫病诊断。

2　规范性引用文件

下列文件中的内容通过文中的规范性引用而构成本文件必不可少的条款。其中，注日期的引用文件，仅该日期对应的版本适用于本文件；不注日期的引用文件，其最新版本（包括所有的修改单）适用于本文件。

GB/T 6682 分析实验室用水规格和试验方法

SC/T 7015 病死水生动物及病害水生动物产品无害化处理规范

SC/T 7201.1 鱼类细菌性病检疫技术规程　第 1 部分：通用技术

3 术语和定义

本文件没有需要界定的术语和定义。

4 缩略语

下列缩略语适用于本文件。
PCR：聚合酶链式反应（Polymerase Chain Reaction）
dNTP：脱氧核糖核苷三磷酸（Deoxy-ribonucleoside Triphosphate）
TAE：三羟甲基氨基甲烷醋酸盐（Tris（hydroxymethyl）aminomethane Acetate Salt）
EDTA：乙二胺四乙酸（Ethylene Diamine Tetraacetic Acid）
BHI：脑心浸出液肉汤（Brain Heart Infusion Broth）
BHIA：脑心浸出液琼脂（Brain Heart Infusion Agar）
DEPC：焦碳酸二乙酯（Diethyl Pyrocarbonate）

5 试剂

实验用水、Taq DNA 聚合酶、dNTP、琼脂糖、10×PCR 缓冲液（含 Mg^{2+}，25mmol/L）、核酸染料、BHI、BHIA。试剂配制见附录 A。实验用水应符合 GB/T 6682 中一级水的规定。

6 仪器设备

超净工作台、生物安全柜、医用冰箱、高速离心机（100～20 000r/min）、高压灭菌锅、PCR 仪、电泳仪、凝胶成像仪、生化培养箱、移液器等。

7 鉴定方法

7.1 样品的制备

7.1.1 同一采样点每尾（只）动物个体视为一个样本，同一采样点同一次采集的相似临床症状的样本不超过 5 个。优先采集有代表性的样本，即采集具有明显临床症状的发病动物或者离群、独游、濒死的动物。

7.1.2 用 75% 酒精对待检测水生动物的表面进行擦拭消毒。

7.1.3 放置于已消毒解剖盘中，观察样品临床症状，若有，则用灭菌接种环或剪刀挑取部分病灶组织；若无病变，用灭菌剪刀和镊子，分别取肝、脾、肾等组织。

7.2 平板划线分离及纯化

7.2.1 在超净工作台或生物安全柜中，用灭菌接种环蘸取病灶部位或其他组织在 BHIA 平板（或选择性培养基或血平板）上进行三区划线，做好编号标记。

7.2.2 将划线好的平板倒置在培养箱中，（28±2）℃培养16～24h。

7.2.3 观察菌落生长情况，挑取优势单菌落（参见附录B图B.1），在超净工作台或生物安全柜中用无菌接种环挑取单菌落到装有无菌BHI增菌液（或已知的适宜培养基）的离心管中（一个单菌落对应一个离心管），做好编号标记。挑取的不是单菌落，可稀释后重复划线纯化。

7.2.4 将挑取的单菌落放置在培养箱中，（28±2）℃培养16～24h，观察菌液状态，若浑浊，则于4℃保存待检。

7.3 核酸模板制备

7.3.1 吸取300μL的单菌落增菌液于无菌离心管中，12 000r/min离心2min，弃上清。

7.3.2 加入300μL的双蒸水，洗脱，12 000r/min离心2min；重复一次，弃上清。

7.3.3 离心管中加入300μL的双蒸水，100℃金属浴（或水浴）10min，取出后马上放入冰中冷却，等冷却后4℃、12 000r/min离心10min，吸取上清液作为核酸模板，放至无菌的离心管中冷藏备用；也可使用同等抽提效果的商品化试剂盒或其他方法抽提DNA。

7.4 PCR检测

7.4.1 16SrDNA的通用引物

上游引物27-F：5′-AGAGTTTGATCCTGGCTCAG-3′；下游引物1492-R：5′-GGTTACCTTGTTACGACTT-3′。

7.4.2 反应体系

表1 PCR反应体系

反应试剂	加样体积
10×PCR缓冲液（含Mg^{2+}）	5μL
dNTP	1μL
上游引物	1μL
下游引物	1μL
Taq DNA聚合酶	0.5μL
模板	2.5μL
双蒸水或DEPC水	39μL
总体积	50μL

7.4.3 反应条件

94℃预变性3min，94℃ 30s；55℃ 30s；72℃ 70s；扩增32个循环；72℃ 10min，最后4℃保温。

7.4.4 琼脂糖电泳

用 1×TAE 电泳缓冲液配置 1.5% 的琼脂糖凝胶。将 5μL 样品和 1μL 6×上样缓冲液混匀后加入样品孔，在电泳时设立核酸标准分子量作对照。5V/cm 电泳约 0.5h，当溴酚蓝快到达琼脂糖凝胶底部时，停止电泳。将琼脂糖凝胶浸入核酸染料中进行泡染 15min，于 TAE 缓冲液中脱色 15min，将凝胶置于凝胶成像仪上观察。

结果判定：阳性对照 16SrDNA 的扩增产物在 1 500bp 处出现特异性条带，DNA 分子量标准条清楚，阴性对照和空白对照无特异性条带，待测样品出现 1 500bp 的特异性核酸条带，则可进行基因测序（待测样品出现 1 500bp 的特异性核酸条带参见附录 B 图 B.2），否则无效。

7.4.5 基因测序

取 PCR 产物进行基因序列测定，将测序结果与基因 Bank 中参考序列进行同源性比对。

7.4.6 细菌种属结果的确定

基因 Bank 进行同源性比对，根据比对结果判定细菌种属。

8 无害化处理

实验过程中所用的器皿、耗材及产物均需要经过 121℃，15min 高压灭菌后，方可处置。

实验后水生动物及其组织无害化处理按照 SC/T 7015 规定执行。

9 生物安全防护

实验人员必须穿着合适的实验服、佩戴好口罩、帽子及一次性手套。进行活体处理或接触含有微生物的物品后，要洗手。离开实验室前要脱掉手套，一次性手套不得清洗和再次使用。如果发生污染性物质溢出等事故，应及时向实验室负责人报告，并记录经过和处理方案。

禁止在实验室饮食、吸烟、化妆、储存食物。非工作人员禁止进入实验室。

规范性附录 A 试剂配制

A.1 50×TAE 电泳缓冲液

2mol/L Tris 碱，242g；1mol/L 冰乙酸，57.1mL；100mmol/L EDTA，200mL 的 0.5mol/L EDTA（pH8.0）；加水定容至 1 000mL，室温贮存。

A.2 1×TAE 电泳缓冲液

加入 50×电泳缓冲液 20mL 并加水定容至 1 000mL，配置成工作液，室温贮存。

A.3 6×上样缓冲液

蔗糖，40g；溴酚蓝，0.25g；加水溶解，定容至 100mL。

资料性附录 B 16S rDNA 特异性 PCR 琼脂糖电泳图

B.1 单菌落参考图见图 B.1。

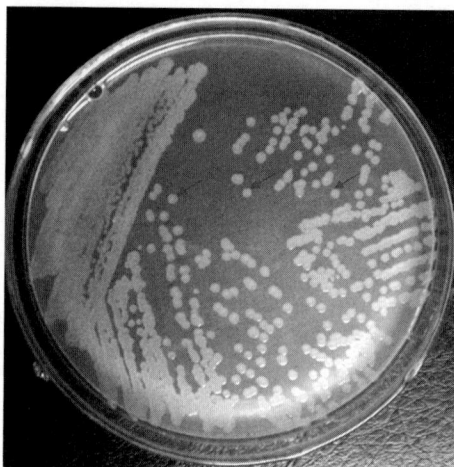

图 B.1　单菌落参考图

B.2　16S rDNA 特异性 PCR 琼脂糖电泳图见图 B.2。

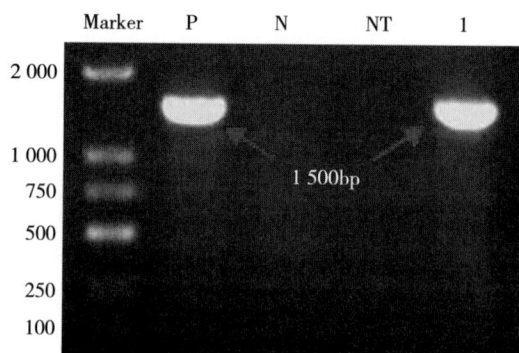

图 B.2　16SrDNA 特异性 PCR 琼脂糖电泳图
P. 阳性对照　N. 阴性对照　NT. 空白样品　1. 菌样

附录二 水生动物细菌性病原菌耐药检测技术规范

标准编号：DB50/T 1607—2024
发布单位：重庆市市场监督管理局
发布时间：2024-07-08
实施时间：2024-10-08

前　　言

本文件按照 GB/T 1.1—2020《标准化工作导则　第 1 部分：标准化文件的结构和起草规则》的规定起草。

本文件的某些内容可能涉及专利。本文件的发布机构不承担识别专利的责任。

本文件由重庆市水产技术推广总站提出。

本文件由重庆市农业农村委员会归口并组织实施。

本文件起草单位：重庆市水产技术推广总站、中国水产科学研究院长江水产研究所、西南大学、重庆市水产学会。

本文件主要起草人：张利平、王波、陈波、李虹、梅会清、翟旭亮、廖雨华、周勇、朱成科、卓东渡、冯俊、薛明洋、薛洋、徐凤、甘婷婷、吴晓清、周春龙、刘晓莉、何忠谊。

1　范围

本文件规定了水生动物细菌性病原菌耐药检测的试剂、仪器设备、药敏实验、结果判定、无害化处理和病原微实验室生物安全等技术要求。

本文件适用于水生动物细菌性病原耐药检测。

2　规范性引用文件

下列文件中的内容通过文中的规范性引用而构成本文件必不可少的条款。其中，注日期的引用文件，仅该日期对应的版本适用于本文件；不注日期的引用文件，其最新版本（包括所有的修改单）适用于本文件。

GB/T 6682 分析实验室用水规格和试验方法

SC/T 7015 病死水生动物及病害水生动物产品无害化处理规范

SC/T 7028 水产养殖动物细菌耐药性调查规范　通则

SC/T 7201.1鱼类细菌性病检疫技术规程 第1部分：通用技术

WS 233病原微生物实验室生物安全通用准则

WS/T 639抗菌药物敏感性试验的技术要求

3 术语和定义

下列术语和定义适用于本文件。

3.1 最低抑菌浓度 Minimal inhibitory concentration；MIC

在药物敏感性检测实验中能抑制肉眼可见微生物生长的最低抗菌药物浓度。

3.2 敏感 Susceptible；S

当抗菌药物对分离株的MIC处于敏感范围时，使用推荐剂量进行治疗，该药在感染部位通常达到的浓度可抑制被测菌的生长，临床治疗可能有效。

3.3 耐药 Resistant；R

当抗菌药物对分离株的MIC处于该分类范围时，该药物浓度不能抑制细菌的生长，和（或）被测菌株获得特殊耐药机制，临床治疗效果不佳。

4 试剂

4.1 实验

实验用水、NaCl、脑心浸液肉汤、脑心浸液琼脂培养基。试剂配制应符合附录A的规定。实验用水应符合GB/T 6682中一级水的规定。

4.2 耗材

96孔药敏板、V形加样槽（30°～45°）。

5 仪器设备

超净工作台、生物安全柜、医用冰箱、高压灭菌锅、生化培养箱、麦氏浊度仪、移液器。

6 药敏试验

6.1 单菌落制备

6.1.1 将已鉴定的病原菌在脑心浸液琼脂平板（或者选用已知的适宜培养基）上进行平板划线，（28±2）℃培养16～24h。

6.1.2 待测菌株应为单菌落。单菌落的制备可参考SC/T 7201.1中分离和纯培养方法进行。

6.2 菌悬液制备

无菌棉签挑取单个菌落于5mL无菌生理盐水的比浊管中混匀，麦氏浊度仪测量，使其达到0.5麦氏单位浓度的菌悬液，标记为A管。菌悬液应在15min内使用。

6.3　96孔药敏板加样

6.3.1　取1支10mL的无菌脑心浸液肉汤，以无菌操作方式向空白对照孔中分别加入100μL无菌脑心浸液肉汤。

6.3.2　另取一支10mL的无菌脑心浸液肉汤，从A管中吸取200μL菌悬液加入其中，记为B管。

6.3.3　将B管中菌液混匀后倒入无菌V形槽内。

6.3.4　利用移液器吸取V形槽内的菌液，加入所有微孔中（空白对照除外），每孔100μL。空白对照孔最后加入100μL无菌生理盐水。96孔药敏板所用药物及药物浓度见附录B。

6.3.5　将加样后的96孔药敏板放置于（28±2）℃生化培养箱中培养24～48h后读取结果。

6.4　结果读取

若阴性对照孔底浑浊，或阳性对照孔澄明，则此次试验无效，重新进行实验。若阴性对照孔底澄明，阳性对照孔浑浊，则与阳性对照孔比较，孔底内液体浑浊则为阳性（＋）；孔底内液体澄明，则为阴性（一）。微孔内抑制肉眼可见微生物生长的最低抗菌药物浓度为MIC。当出现单一跳孔时，应记录抑制细菌生长的最高药物浓度。

结果读取参考附录C96孔药敏板结果参考图。

6.5　质量控制

标准菌株宜为大肠埃希菌（ATCC25922）。标准菌株药敏实验同步骤6.1～6.4规定方法进行。

7　结果判定

对照受试菌的MIC，依据SC/T 7028中规定要求，将菌株判定为敏感（S）、中介（I）或耐药（R）。

8　无害化处理

实验过程中所用的器皿、耗材及产物均需要经过121℃，15min高压灭菌后，方可处置。

9　生物安全防护

实验人员必须穿着合适的实验服、佩戴好口罩、帽子及一次性手套。进行活体处理或接触含有微生物的物品后，要洗手。离开实验室前要脱掉手套，一次性手套不得清洗和再次使用。如果发生污染性物质溢出等事故，应及时向实验室负责人报告，并记录经过和处理方案。

禁止在实验室饮食、吸烟、化妆和储存食物。非工作人员禁止进入实验室。

规范性附录 A　试剂配制

A.1　灭菌生理盐水

A.1.1　配方

NaCl，8.5g；水，1 000mL。

A.1.2　配制

混匀，121℃高压灭菌15min，备用。

A.2　脑心浸液（BHI）肉汤

A.2.1　配方

脑心浸液肉汤培养基，50.0g；水，1 000mL。

A.2.2　配制

混匀，加热使之完全溶解，用1mol/L的NaOH或HCl调节pH，使灭菌后为7.2～7.4。分装烧瓶，121℃，高压灭菌15min。4℃保存备用。

A.3　脑心浸液（BHI）琼脂平板

A.3.1　配方

脑浸液琼脂培养基，24.5g；水，1 000mL。

A.3.2　配制

混匀，加热使之完全溶解，用1mol/L的NaOH或HCl调节pH，使灭菌后为7.2～7.4。分装烧瓶，121℃，高压灭菌15min，冷却至50℃左右，制成平板。4℃保存备用。

资料性附录 B　96孔板药敏板的制备

B.1　试剂和材料

B.1.1　抗菌药物标准品

恩诺沙星、硫酸新霉素、甲砜霉素、氟苯尼考、盐酸多西环素、氟甲喹、磺胺间甲氧嘧啶钠、磺胺甲噁唑＋甲氧苄啶。

B.1.2　溶剂与稀释剂

各药物的溶剂与稀释剂见表B.1。试验用水应符合GB/T 6682中三级水的要求。

表 B.1　抗菌药物储备液所用的溶剂和稀释剂

药物名称	储备液浓度（μg/mL）	溶剂	稀释剂
恩诺沙星	100	1/2体积的水和最小浓度为2.5mol/L NaOH至溶解	水
硫酸新霉素	2 500	水	水
甲砜霉素	5 120	0.1N二甲基甲酰胺溶液	水
氟苯尼考	5 120	95%乙醇	水

（续）

药物名称	储备液浓度（μg/mL）	溶剂	稀释剂
盐酸多西环素	1 280	水	水
氟甲喹	2 560	1/2 体积的水和最小浓度为 2.5mol/L NaOH 至溶解	水
磺胺间甲氧嘧啶钠	10 240	1/2 体积的水和最小浓度为 2.5mol/L NaOH 至溶解	水
磺胺甲噁唑	6 080	1/2 体积的水和最小浓度为 2.5mol/L NaOH 至溶解	水
甲氧苄啶	320	0.05mol 乳酸或盐酸，终体积的 10%	水

注：复方药物，先单独配置与储存，做药物敏感性试验时，再按 1∶1 等体积混合使用。恩诺沙星为盐类时，溶剂为水。若药物有所析出，稍微温热使其溶解。

B.1.3　抗菌药物稀释

取灭菌的 BHI 肉汤，在无菌 96 孔板的第 1 孔加入 160μL。在第 2 孔至第 10 孔中分别加入 100μL。在第 1 孔中加入抗菌药储备液 40μL，吹打混匀；取第 1 孔中的含药肉汤 100μL 至第 2 孔中吹打混匀；吸取第 2 孔中的 100μL 含药肉汤至第 3 孔中吹打混匀，重复上述操作，将药物进行 2 倍梯度稀释，当第 12 孔稀释完后吸出 100μL 含药肉汤弃去，使含有药物的 BHI 肉汤每一孔均为 100μL。其中坐标 G11、G12、H11、H12，各加 100μL BHI 肉汤，作为阳性对照孔和阴性对照孔。药敏板药物及药物浓度见表 B.2。

表 B.2　药敏板药物及药物浓度

	药物名称	浓度（μg/mL）											
		1	2	3	4	5	6	7	8	9	10	11	12
A	恩诺沙星	16	8	4	2	1	0.5	0.25	0.125	0.06	0.03	0.015	0.008
B	硫酸新霉素	256	128	64	32	16	8	4	2	1	0.5	0.25	0.125
C	甲砜霉素	512	256	128	64	32	16	8	4	2	1	0.5	0.25
D	氟苯尼考	512	256	128	64	32	16	8	4	2	1	0.5	0.25
E	盐酸多西环素	128	64	32	16	8	4	2	1	0.5	0.25	0.125	0.06
F	氟甲喹	256	128	64	32	16	8	4	2	1	0.5	0.25	0.125
G	磺胺间甲氧嘧啶钠	1 024	512	256	128	64	32	16	8	4	2	阳性对照	阳性对照
H	磺胺甲噁唑＋甲氧苄啶	608/32	304/16	152/8	76/4	38/2	19/1	9.5/0.5	4.8/0.25	2.4/0.12	1.2/0.06	阴性对照	阴性对照

资料性附录C　96孔药敏板结果参考图

C.1　96 孔药敏板结果参考图见图 C.1。

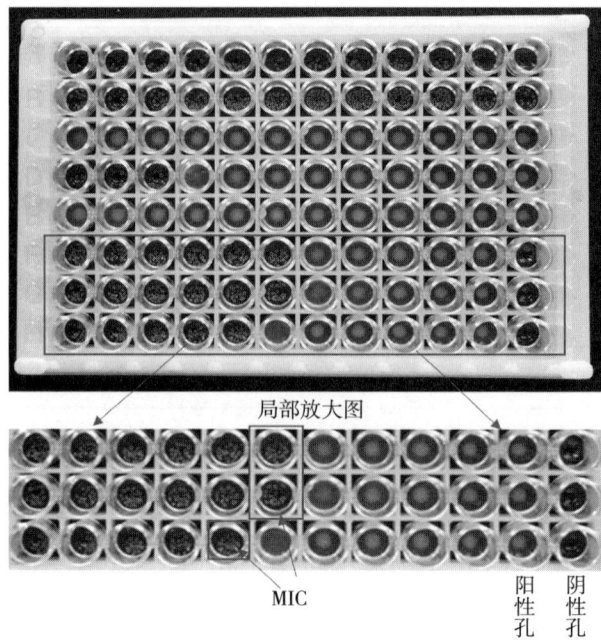

图 C.1　96孔药敏板结果参考图

图书在版编目（CIP）数据

2023年重庆市水产养殖动物主要病原菌耐药性监测分析报告/重庆市水产技术推广总站组编．-- 北京：中国农业出版社，2024．8. -- ISBN 978-7-109-32393-3

Ⅰ．S941.42

中国国家版本馆 CIP 数据核字第 2024XC3119 号

中国农业出版社出版

地址：北京市朝阳区麦子店街 18 号楼

邮编：100125

责任编辑：肖　邦　王金环

版式设计：杨　婧　责任校对：吴丽婷

印刷：中农印务有限公司

版次：2024 年 8 月第 1 版

印次：2024 年 8 月北京第 1 次印刷

发行：新华书店北京发行所

开本：787mm×1092mm　1/16

印张：6.5

字数：135 千字

定价：55.00 元